U0024301

平版印刷與網版印刷

印製RFID標籤天線之研究

郝宗瑜 著

誌謝

我們從事這印刷與RFID相關方面的研究，差不多已經兩年有餘了，起頭卻是在一次很偶然的對話，差不多在兩三年前Taipei Toastmasters Club的一次會議休息時間的閒聊中，與好友兼會友的黃啟芳教授聊到悠遊卡等議題，才知曉RFID的應用已經很生活化了，而且最新的概念是以印刷的角度來看待其未來性，原來電機與通訊專業的黃教授，也有可能和以印刷為本的我們在研究上還有交集的空間，如此這般之後，就展開了這接下來一連串有關RFID在印刷上的研究了。

然而一個研究論文的完成已經不算容易了，需要花費不少的精力與時間，更不用說此篇論文基本上是結合了兩篇的研究論文之研究成果，而在整個研究的過程當中特別要與值得感謝的人實在太多了。首先是大同大學通訊研究所正教授黃啟芳博士和他所帶領的研究團隊，在他們不但提供我們所缺乏的專業知識，而且還提供了研究設備與研究場所，甚至在人員上也給予大力的支援與協助，例如詹景晴、楊松斐與林岳敬等三位碩士班的同學，在此也見識到了大同大學通訊所研究生，對研究的執著與態度，確實是非常值得我們來學習的。

另外在3D印刷的龍頭廠-山水印刷，鄭勝明總經理與吳文和廠長所給予我們最實際與最需要的協助與支持，讓我們的研究得以順利的進行，而最令人感激與感動的是有這樣的業界前輩願意付出心力，投入研發而不只求近利，實在是我們大大的福氣，而且能和這樣優秀與實事求是的廠商進行合作，也讓我們上了寶貴的一課。

最後必須要感謝系主任王祿旺博士的督導與鼓勵，使得研究能持續且順利的進行，另外我們所上兩位畢業的研究生林明賢與周岸騏，和仍然與RFID奮鬥的研究生張哲銘以及去了華航當空姐的廖庭儀等，他們的辛勤與共同的投入，才使得我們的研究更為多采多姿，也透過實際的研究，豐富了我們的見識與知識。

民國九十六年八月

目次

Contents

Contents

Contents

圖目錄

Contents

表目錄

Contents

Contents

Contents

1 緒論

大家都知道中國的四大發明指南針、火藥、造紙與印刷術等，而與我們印刷相關產業息息相關且密不可分的就有印刷術與紙張兩大發明，美國哥倫比亞大學教授卡特曾說：「紙和印刷術為宗教革命鋪下康莊大道，也促進了教育的普及」，而且時代雜誌更將印刷術視為第十一世紀到第二十世紀中，這整整十個世紀一千年之間最偉大的發明。可惜的是我們並沒有延續古人遺留下來的資產而發揚光大，卻是讓老外給取得優勢，實在令人慚愧，但相對的這種沉重的負擔，也算是不可承受之輕呀！

整體印刷業界最近的日子，客氣的說是差強人意或是馬馬虎虎，但是在文化印刷與出版之相關產業則是真正的雪上加霜，而且這股不景氣的氣氛也已經燃燒了好一陣子，大家所聽到的似乎都不是什麼好消息，而是某某廠商因為經營不善而結束營業，或是將生財器具賣了等等，聽了都令人不勝唏噓，這到底是件好事還是件壞事呢？我們印刷業界一直是以生產製造業自居，所以在設備器材的投資方面是絕對不太可能少的，但是業務量又不是很大，而且印刷業的利潤也早已應脫離了「暴利」的年代了，可是仍然有些前輩固守城池打死不退，也因此有不少人在此洪流之中消失的無影無蹤，誠屬可惜，在這到處充滿著變化的時代，大家都在苦思著要如何殺出一條血路，是往特殊印刷、3D立體印刷、IMD印刷、DNA印刷、防偽印刷、包裝印刷、數位印刷或是其他有特別、專門或是可以創造加值領域的印刷方向前進，或者是收山退休、享清福並含飴弄孫？以不變應萬變的時代似乎已經不容易在印刷業界發生了，因為在這瞬息萬變的時代中，唯一不會變的就是「變、變、變」，但也誠如電影「侏儸紀公園」中有一個橋段所說的，「生命自己會找尋出路」，這句話的的確確發人深省。

其實在這不景氣當中，印刷業界之間的消長，樂觀一點的來看，也不盡然是壞事，可以藉於此次的情況，淘汰體質差的廠商，留下營運績效皆優良的廠商，這也應該是大家所樂見的，因為三番兩次的以價格來進行同業之間的惡性競爭，實在是應該進入歷史了，我們想嘗試在印刷業界中，找出一條可以發揮的空間並且適合的道路，以印刷的角度來看待RFID（Radio Frequency Identification），來研究看看其可行性如何，並充分知己知彼的了解我們印刷業界，真正可以扮演的角色為何而努力。

一、研究背景與動機

一般大眾基本上都有喜新厭舊的習性，除非是那些具有特殊意義與特別有紀念價值的東西，因具有懷念與懷舊的涵義在內，否則的話只要還知道哪些是舊有的東西，哪些又是新鮮的事物，就已經很不錯了。大眾除了對舊的東西僅存有無限的懷念之情之外，事實上卻是非常期待新的發明與新的創新的東西不斷出現，以便能幫助或取代現有的一些工作，或是提高生活的品質等，使其能更有效率與更高效能的應用在現有的工作上，或是更能享受人生，以便能更符合人性與人類的需求。

而RFID這個「老藥新用」的東西，在近幾年「重新駕臨」市場，在某些特殊的應用部分，對傳統印刷產業有了新的啟發以及出現了一道曙光，大家也似乎都能嗅到了印刷可以在RFID標籤的生產上，扮演一個舉足輕重的角色。目前之所以還未能大量的進入我們的日常生活當中，肇因於RFID標籤還未能以經濟實惠的單價生產之，並還未能大量的應用在不同的物品中，雖然大家都還在致力於降低生產成本與生產製程，還得拼了命去想新的應用層面與領域，但計劃永遠趕不上變化，RFID標籤的價格已經因為參與者眾的緣故，有了向下修正的趨勢，這基本上對消費大眾而言，絕對是一件美事，若是真正的大量應用在我們生活的週遭，生活的品質應可大幅的提昇。

我們首先必須要瞭解到為什麼Wal-Mart要使用RFID，基本上是要取代行之有年且使用廣泛的條碼（Bar Code），在於方便進出貨管理、倉儲管理、顧客結帳、防止遺失和偷竊、監控產品的流動、以及降低人事成本等等原因與目的，但是不可否認的，身為全球最大的零售龍頭，當然是以「在商言商」的角度來看待這樣的變革，而且還要求他前一百大供應商的配合，而事實上，Wal-Mart也是會踢到鐵板的，原本是希望在2005年1月就能夠導入RFID系統，可惜的是到現在還沒有真正符合原本的期待與預期，一直到現在的2007年了，似乎也還沒有完全真正的導入與建置完善。另外我們也必須要了解消費大眾是否已經準備好了，這也是RFID最終是否會成功的因素之一。RFID這麼樣的會是個議題，原因是在其他領域上也有雷同的問題，因為任何領域的新技術、創新與新科技都必須要等待一般大眾真正能接受，而這是曠費時日的且必須要好好的教育大眾的。

繼美國的Wal-Mart、德國的Metro、英國的Tesco（特易購）與美國國防部（Department of Defense）相繼宣稱實施EPCglobal標準後，Best Buy也期待在2006年要求前100大供應商於第二季開始在外箱上貼附RFID標籤，提供賣場測試使用。除了FMCG的貨品之外，健康產業與生命科技、運輸物流業也相繼開始投入RFID技術的相關應用。在EPCglobal Gen II規格的發表，以及Gen II即將納入ISO後，全球產業對於EPC／RFID在不久的將來提昇供應鏈的效率與通透性上，已經認為是指日可待之事。而規劃架構最完整的EPCglobal標準，也已成為RFID技術中市場佔有率最高、使用率最廣的標準。

基本上老百姓對未來有著莫名與未知的恐懼，但同時也具有窺視未來的期待與慾望，而與我們息息相關在食、衣、住、行上的採購活動上，已經有了不同於以往的習慣，尤其是台灣現在大賣場林立，且一個比一個更具規模，大潤發、家樂福、遠東吉安愛買與好市多等等，在這眾多大賣場的努力之下，使得老百姓逛大賣場已漸漸成為我們生活中的一部分了，但在你我親身的經歷當中，在對週末假日的大賣場，逛街購物的人群實在是太多了，尤其是在結帳的排隊人龍，使得時間上的耗費與血拼購物的品質之降低等，有著不敢領教的保留態度，我們建議可以參考德國METRO Group的

「Future Store：未來的商店」的概念，其內容是敘述著一個虛擬的商店在應用所謂的RFID創新科技，來展現未來的零售商店、大賣場或是超級市場，而身為讀者的您，當然也建議您透過網路來觀看這或許在不久的將來，可能問市的新型消費的商店與型態，對未來有一些心理準備。除此之外，您也還可以參考到其他相關的資訊，而這類資訊足夠讓您滿足對未來的想像，甚至更可以加以擴充與加上您自己的想像與創新的空間，讓此概念有更多的加值的方式與方法，來滿足自己與其他人類對未來的期待。

然而在這令人充滿期待的背後，印刷業界之所以可能可以有揮灑空間的機會，就因為可以用印刷的角度，來進行大量生產RFID標籤中的天線部份，使得RFID標籤的成本能夠降低。而我們可以使用金屬導電油墨取代傳統油墨，且將 RFID 標籤之天線視為印刷線條稿之滿版印紋，印刷於被印材料之上，再將IC晶片黏貼於天線之上（可能是紙張，也可能是塑膠材質，甚至是其他新開發的被印材料），完成一個RFID標籤。而之後的硬體、韌體與軟體整體系統的建置，則不是我們印刷業界需要擔心的，但是RFID標籤讀寫距離長短的表現，則是我們需要多多注意的，因為不同讀寫距離皆必須結合不同應用，RFID標籤本身的後加工，例如要如何放置或是黏貼於物品上也會是一門學問，而我們印刷業界擁有最佳的機會來建置這個部份的，造紙印刷業的大哥大－永豐餘集團，也在這方面著墨相當大的心力。

既然大家都朝降低RFID標籤的量產成本而努力，而RFID在目前是最可以大量應用在物流業（Logistics）上的，也就是每一個可以銷售的物品或是物件上，都必須含有一個RFID標籤，而這類型的RFID標籤是所謂的拋棄型的標籤，亦即是「用過即丟」的標籤，不需要再回收利用的標籤，也因此其成本必須要很低廉的，必定要控制在美金3-5美分（約1-1.5元台幣左右）以下，甚至能低於此項標準，其整體價值才會有揮灑的空間，應用的廣度與深度才可以大幅的改善，否則只會是海市蜃樓般的空歡喜一場，但是有關於高單價的RFID標籤之應用，大都牽涉到專業、專門與特殊的應用，則並不在此限制當中，也是我們印刷業界比較不容易接觸與進入的領域，但是其利潤卻是令人垂涎欲滴的。

我們希望能夠了解以傳統的平版印刷與網版印刷的方式，來印製RFID標籤天線，並檢驗其RFID標籤的表現，而所謂表現的好壞，取決於寫入與讀寫IC晶片內之資訊、寫入與讀寫資料的穩定性與讀寫之距離來判定，而生產的製程是我們所關切的，這對印刷業界是否有正面的意義，是否是一個全新的機會，還是說說而已的話題，以如何的方式與方法生產出可以使用的RFID標籤，以符合不同業者的應用需求，就是我們想要成就的事。

二、研究目的

我們希望了解以平版印刷與網版印刷兩種印刷的方式，來印製RFID標籤天線，我們之所以只選擇平版印刷與網版印刷的原因是因為：(1)平版印刷為國內使用最為大宗的印刷方式，換句話說將來最具有全面性且大量性的生產規模、產能與產值。另外一個因素是因為平版印刷的技術障礙與門檻應該算是最高的，因為平版印刷之印墨厚度是四種印刷方式中最薄的，而必須藉由多層次疊印的方式，來增加印墨的厚度來達到RFID標籤可以應用的程度；(2)網版印刷的印墨厚度為四種印刷方式中最佳的選擇，是最有機會以印刷一次即可達到可以應用的地步的，其加工的多元性也是最為大家所認同的，所以應用在不同領域的範圍也應該最為廣泛，另外技術的門檻與投資設備的金額成本也都相對是最低的，而這技術的門檻較低，只是指一般簡單的生產之網版印刷而已，並非指特殊方式或是方法，因為那也是高技術門檻的領域。所以我們特別選擇這兩種印刷的方式，來進行一連串的相關實驗研究。

若能清楚的了解這兩種印刷方式的製程，對RFID標籤大量生產的表現是否真正具有經濟效益，是有莫大的幫助的。生產製程的規劃與執行是我們要付出相當的努力的，而要如何以印刷方式與方法，生產出可以使用且價廉物美的RFID標籤，以符合物流業者的需求，則是我們在此項研究的目的，我們將平版印刷與網版印刷之研究目的分別的敘述如下：

（一）平版印刷之目的

1. 我們想了解在不同常用的塗佈紙張（銅版紙與雪銅紙）上，在印製RFID標籤的效能是如何。
2. 肇因於平版的印刷墨膜厚度偏薄之故，我們想了解在疊印多層導電油墨之RFID標籤的效能是如何。

（二）網版印刷之目的

1. 肇因於網版的印刷墨膜厚度是最厚之故，我們想了解在印刷一次之導電油墨之RFID標籤的效能是如何。
2. 在印刷完畢之後的RFID標籤，其導電油墨中的銀離子，對高溫的烘乾所可能會產生不同的排列之變化，是否對RFID標籤的讀寫距離有影響。
3. 在印刷完畢後進行著不同乾燥方式的RFID標籤，其效能的表現是如何。

三、研究重要性

印刷業在技術方面的研發與創新，基本上已達到所謂的成熟期了，換句比較嚴格的說法，也就是印刷已經到達成長趨緩或是開始有向下修正的境地了，尤其現在還有新的「數位出版/數位印刷」的強敵壓境之下，對印刷長期合作夥伴-出版業造成了強大的壓力，也造成印刷的業務有了結構性的改變，身為印刷人的我們是需要好好思考出路的問題，而RFID的出現正好可以應用印刷的強項-有效率的大量生產且低單位成本的特性，有機會可以好好的發揮此項利基，我們認為此項研究有其必要性與其重要性，尤其是對印刷業界未來發展而有以下的看法：

（一）RFID印刷製程的建立：

藉由此項研究，可以研究發展一系列以不同印刷方式與不同的製程，來進行印製RFID標籤天線部份之完整解決方案，並期望找出適當的生產製程與流程。

（二）研發人才的培訓：

人才的培養與訓練一直是業界需要且持續投入的工作，實際上的生產與研究發展和實驗是有些許的不同，可能是因為立場與角色扮演的不同，因此可以藉由此項研究去造就與培訓一些研發人員與實際生產線上的高階管理人員，對未來新事物與新興潛在的產品與服務的市場有一些幫助。

（三）研發的推廣：

根據此項研究的精神，造就出業界與學界甚至政府相關單位對新興領域的研究與開發，期待具有規模的印刷單位建立研發部門，並實際著手進行研發的工作，對所謂傳統的印刷行業才可以擁有新的出路與方向，尤其是在跨領域的結合，更可使印刷這個行業能長長久久，能夠保持穩健的成長。

（四）跨領域的合作：

未來專一或是單一的專業將不再符合趨勢，也就是成長與存活的機率會逐漸的下降，但是要能跨領域的合作，卻是有著高度的難度，除了本位主義之外，對不同專業的尊重與彼此之間的溝通與互動，甚至對配合之意願，以及積極度的差異等，都必須要有恆心與耐心來建立彼此的信任感，必須互補彼此的不足與缺陷，才能充分的發揮跨領域的功效出來，達成互利的多贏之目的。此項研究就必須藉由跨領域的合作，進行實驗研究，也藉由此項的合作達到互利與互信雙贏的結果。

四、研究問題與研究假設

既然RFID已經如火如荼的持續研究發展了，而印刷的確是可以在生產RFID中扮演一個重要的角色，因此根據上述的研究目的，我們整理出以下的研究問題與研究假設，希望藉由兩種印刷實驗方式來進行深入的了解：

（一）平版印刷之研究問題：

平版印刷的研究問題，是根據研究的目的而有以下的研究問題：

1. 不同的紙張（銅版紙與雪銅紙）對印製RFID的效能之是否有影響？
2. 增加印刷疊印層數（次數）對RFID效能上之影響為何？

（二）平版印刷之研究假設：

平版印刷的研究假設則是根據研究的目的與問題中，根據自變項與依變項而有以下的研究假設：

假設一

H_0: 在印製導電油墨於RFID標籤天線於特銅紙張上，從疊印一層、疊印二層、疊印三層、疊印四層到疊印五層之不同層數，其天線之印刷滿版濃度沒有顯著的差異。即

$$H_0: \mu_{\text{銅版疊印一層-SID}} = \mu_{\text{銅版疊印二層-SID}} = \mu_{\text{銅版疊印三層-SID}} = \mu_{\text{銅版疊印四層-SID}} = \mu_{\text{銅版疊印五層-SID}}$$

（μ代表所量測之印刷滿版濃度平均值，SID代表印刷滿版濃度）

H_1: 在印製導電油墨於RFID標籤天線於特銅紙張上，從疊印一層、疊印二層、疊印三層、疊印四層到疊印五層之不同層數，其天線之印刷滿版濃度有顯著的差異。即

$$H_1: \mu_{\text{銅版疊印一層-SID}} \neq \mu_{\text{銅版疊印二層-SID}} \neq \mu_{\text{銅版疊印三層-SID}} \neq \mu_{\text{銅版疊印四層-SID}} \neq \mu_{\text{銅版疊印五層-SID}}$$

假設二

H_0: 在印製導電油墨於RFID標籤天線於雪銅紙張上，從疊印一層、疊印二層、疊印三層、疊印四層到疊印五層之不同層數，其天線之印刷滿版濃度沒有顯著的差異。即

$$H_0: \mu_{\text{雪銅疊印一層-SID}} = \mu_{\text{雪銅疊印二層-SID}} = \mu_{\text{雪銅疊印三層-SID}} = \mu_{\text{雪銅疊印四層-SID}} = \mu_{\text{雪銅疊印五層-SID}}$$

（μ代表所量測之印刷滿版濃度平均值，SID代表印刷滿版濃度）

H_1: 在印製導電油墨於RFID標籤天線於雪銅紙張上，從疊印一層、疊印二層、疊印三層、疊印四層到疊印五層之不同層數，其天線之印刷滿版濃度有顯著的差異。即

H_1: $\mu_{雪銅疊印一層\text{-}SID} \neq \mu_{雪銅疊印二層\text{-}SID} \neq \mu_{雪銅疊印三層\text{-}SID} \neq \mu_{雪銅疊印四層\text{-}SID} \neq \mu_{雪銅版印五層\text{-}SID}$

假設 三

H_0: 在印製導電油墨於RFID標籤天線於特銅紙張與雪銅紙張上，其天線的印刷滿版濃度沒有顯著的差異。即

H0: $\mu_{特銅紙張\text{-}SID} = \mu_{雪銅紙張\text{-}SID}$

（μ代表所量測之印刷滿版濃度平均值，SID代表印刷滿版濃度）

H_1: 在印製RFID標籤天線之導電油墨於特銅紙張與雪銅紙張上，其天線的印刷滿版濃度有顯著的差異。即

H_1: $\mu_{特銅紙張\text{-}SID} \neq \mu_{雪銅紙張\text{-}SID}$

假設 四

H_0: 在印製導電油墨於RFID標籤天線於特銅紙張上，從疊印一層、疊印二層、疊印三層、疊印四層到疊印五層之不同層數，其天線之導電電阻值沒有顯著的差異。即

H_0: $\mu_{銅版疊印一層} \neq \mu_{銅版疊印二層} = \mu_{銅版疊印三層} = \mu_{銅版疊印四層} = \mu_{銅版疊印五層}$

（μ代表所量測之電阻平均值）

H_1: 在印製導電油墨於RFID標籤天線於特銅紙張上，從疊印一層、

疊印二層、疊印三層、疊印四層到疊印五層之不同層數，其天線之導電電阻值有顯著的差異。即

H$_1$: $\mu_{\text{雪銅疊印一層}} \neq \mu_{\text{銅版疊印二層}} \neq \mu_{\text{銅版疊印三層}} \neq \mu_{\text{銅版疊印四層}} \neq \mu_{\text{銅版疊印五層}}$

假設五

H$_0$: 在印製導電油墨於RFID標籤天線於雪銅紙張上，從疊印一層、疊印二層、疊印三層、疊印四層到疊印五層之不同層數，其天線之導電電阻值沒有顯著的差異。即

H$_0$: $\mu_{\text{銅版疊印一層}} \neq \mu_{\text{雪銅疊印二層}} = \mu_{\text{雪銅疊印三層}} = \mu_{\text{雪銅疊印四層}} = \mu_{\text{雪銅疊印五層}}$

（μ代表所量測之電阻平均值）

H$_1$: 在印製導電油墨於RFID標籤天線於雪銅紙張上，從疊印一層、疊印二層、疊印三層、疊印四層到疊印五層之不同層數，其天線之導電電阻值有顯著的差異。即

H$_1$: $\mu_{\text{雪銅疊印一層}} \neq \mu_{\text{雪銅疊印二層}} \neq \mu_{\text{雪銅疊印三層}} \neq \mu_{\text{雪銅疊印四層}} \neq \mu_{\text{雪銅疊印五層}}$

假設六

H$_0$: 在印製導電油墨於RFID標籤天線於特銅紙張與雪銅紙張上，其天線之導電電阻值沒有顯著的差異。即

H$_0$: $\mu_{\text{特銅紙張}} = \mu_{\text{雪銅紙張}}$

（μ代表所量測之電阻平均值）

H$_1$: 在印製RFID標籤天線之導電油墨於特銅紙張與雪銅紙張上，其

天線之導電電阻值有顯著的差異。即

H_1: $\mu_{特銅紙張} \neq \mu_{雪銅紙張}$

假設七

H_0: 在印製導電油墨於RFID標籤天線於特銅紙張上，從疊印一層、疊印二層、疊印三層、疊印四層到疊印五層之不同層數，其RFID標籤之讀寫距離沒有顯著的差異。即

H_0: $\mu_{銅版疊印一層} \neq \mu_{銅版疊印二層} \neq \mu_{銅版疊印三層} = \mu_{銅版疊印四層} = \mu_{銅版疊印五層}$

（μ代表所量測之讀寫距離平均值）

H_1: 在印製導電油墨於RFID標籤天線於特銅紙張上，從疊印一層、疊印二層、疊印三層、疊印四層到疊印五層之不同層數，其RFID標籤之讀寫距離有顯著的差異。即

H_1: $\mu_{銅版疊印一層} \neq \mu_{銅版疊印二層} \neq \mu_{銅版疊印三層} \neq \mu_{銅版疊印四層} \neq \mu_{銅版疊印五層}$

假設八

H_0: 在印製導電油墨於RFID標籤天線於雪銅紙張上 ，從疊印一層、疊印二層、疊印三層、疊印四層到疊印五層之不同層數，其RFID標籤之讀寫距離沒有顯著的差異。即

H0: $\mu_{雪銅疊印一層} \neq \mu_{雪銅疊印二層} \neq \mu_{雪銅疊印三層} = \mu_{雪銅疊印四層} = \mu_{雪銅疊印五層}$

（μ代表所量測之讀寫距離平均值）

H_1: 在印製導電油墨於RFID標籤天線於雪銅紙張上，從疊印一層、疊印二層、疊印三層、疊印四層到疊印五層之不同層數，其RFID標籤之讀寫距離有顯著的差異。即

H_1: $\mu_{\text{雪銅疊印一層}} \neq \mu_{\text{雪銅疊印二層}} \neq \mu_{\text{雪銅疊印三層}} \neq \mu_{\text{雪銅疊印四層}} \neq \mu_{\text{雪銅疊印五層}}$

假設 九

H_0: 在印製導電油墨於RFID標籤天線於特銅紙張與雪銅紙張上，其RFID標籤之讀寫距離沒有顯著的差異。即

H_0: $\mu_{\text{特銅紙張}} = \mu_{\text{雪銅紙張}}$

（μ代表所量測之讀寫距離平均值）

H_1: 在印製RFID標籤天線之導電油墨於特銅紙張與雪銅紙張上，其RFID標籤之讀寫距離有顯著的差異。即

H_1: $\mu_{\text{特銅紙張}} \neq \mu_{\text{雪銅紙張}}$

（三）網版印刷之研究問題：

網版印刷的研究問題，是根據研究的目的而有以下的研究問題：

1. 使用網版印刷一次的RFID標籤，其效能為何？
2. 以高溫乾燥的方式，對印製RFID標籤效能之影響為何？
3. 不同的乾燥方式，對印製RFID的效能之影響為何？

（四）網版印刷之研究假設：

網版印刷的研究假設則是根據研究的目的與問題中，根據自變項與依變項而有以下的研究假設：

假設一

H_0: 在以導電油墨印製SHIH HSIN UNIVERSITY之RFID標籤天線於雙銅紙張上，三種不同乾燥方式，其天線之印刷滿版濃度沒有顯著的差異。即

H_0: $\mu_{\text{A乾燥-SID}} = \mu_{\text{B乾燥-SID}} = \mu_{\text{C乾燥-SID}}$

（μ代表所量測之印刷滿版濃度平均值，SID代表印刷滿版濃度，A乾燥為自然乾燥之方式，B乾燥為印製完畢後立即進入烤箱加高溫，再靜待其自然乾燥之方式，C乾燥為自然乾燥之後才送入烤箱加高溫，再靜待其自然乾燥之方式）

H_1: 在以導電油墨印製SHIH HSIN UNIVERSITY之RFID標籤天線於雙銅紙張上，三種不同乾燥方式，其天線之印刷滿版濃度有顯著的差異。即

H_1: $\mu_{\text{A乾燥-SID}} \neq \mu_{\text{B乾燥-SID}} \neq \mu_{\text{C乾燥-SID}}$

假設二

H_0: 在以導電油墨印製Alien Technology之RFID標籤天線於特銅紙張與雪銅紙張上，其天線之印刷滿版濃度沒有顯著的差異。即

H_0: $\mu_{\text{特銅紙張-SID}} = \mu_{\text{雪銅紙張-SID}}$

（μ代表所量測之印刷滿版濃度平均值，SID代表印刷滿版濃度）

H_1: 在以導電油墨印製Alien Technology之RFID標籤天線於特銅紙

張與雪銅紙張上，其天線之印刷滿版濃度有顯著的差異。即

H_1: $\mu_{特銅紙張\text{-}SID} \neq \mu_{雪銅紙張\text{-}SID}$

假設 三

H_0: 在以導電油墨印製SHIH HSIN UNIVERSITY之RFID標籤天線於雙銅紙張上，三種不同乾燥方式，其天線之導電電阻值沒有顯著的差異。即

H_0: $\mu_{A乾燥} = \mu_{B乾燥} = \mu_{C乾燥}$

（μ代表所量測之電阻平均值，A乾燥為自然乾燥之方式，B乾燥為印製完畢後立即進入烤箱加高溫，再靜待其自然乾燥之方式，C乾燥為自然乾燥之後才送入烤箱加高溫，再靜待其自然乾燥之方式）

H_1: 在以導電油墨印製SHIH HSIN UNIVERSITY之RFID標籤天線於雙銅紙張上，三種不同乾燥方式，其天線之導電電阻值有顯著的差異。即

H_1: $\mu_{A乾燥} \neq \mu_{B乾燥} \neq \mu_{C乾燥}$

假設 四

H_0: 在以導電油墨印製Alien Technology之RFID標籤天線於特銅紙張與雪銅紙張上，其天線的導電電阻值沒有顯著的差異。即

H_0: $\mu_{特銅紙張} = \mu_{雪銅紙張}$

（μ代表所量測之電阻平均值）

H_1: 在以導電油墨印製Alien Technology之RFID標籤天線於特銅紙

張與雪銅紙張上，其天線的導電電阻值有顯著的差異。即

H1: $\mu_{特銅紙張} \neq \mu_{雪銅紙張}$

假設 五

H_0: 在以導電油墨印製SHIH HSIN UNIVERSITY之RFID標籤天線於雙銅紙張上，三種不同乾燥方式，其天線之讀寫距離沒有顯著的差異。即

H_0: $\mu_{A乾燥} = \mu_{B乾燥} = \mu_{C乾燥}$

（μ代表所量測之讀寫距離平均值，A乾燥為自然乾燥之方式，B乾燥為印製完畢後立即進入烤箱加高溫，再靜待其自然乾燥之方式，C乾燥為自然乾燥之後才送入烤箱加高溫，再靜待其自然乾燥之方式）

H_1: 在以導電油墨印製SHIH HSIN UNIVERSITY之RFID標籤天線於雙銅紙張上，三種不同乾燥方式，其天線之讀寫距離有顯著的差異。即

H_1: $\mu_{A乾燥} \neq \mu_{B乾燥} \neq \mu_{C乾燥}$

假設 六

H_0: 在以導電油墨印製Alien technology之RFID標籤天線於特銅紙張與雪銅紙張上，其RFID標籤之讀寫距離沒有顯著的差異。即

H_0: $\mu_{特銅紙張} = \mu_{雪銅紙張}$

（μ代表所量測之讀寫距離平均值）

H_1: 在以導電油墨印製Alien Technology之RFID標籤天線於特銅紙

張與雪銅紙張上，其RFID標籤之讀寫距離有顯著的差異。即

H_1: $\mu_{\text{特銅紙張}} \neq \mu_{\text{雪銅紙張}}$

（五）綜合平版與網版印刷之研究假設

針對整體的研究當中，我們認為有必要進一步的測試，在平版印刷與網版印刷方式之間對印製RFID標籤天線之間做些比較，而有了下列幾項研究假設。

假設一

H_0: 平版印刷與網版印刷方式對印製特銅紙張之RFID印刷滿版濃度沒有明顯的差異。

H_0: $\mu_{\text{平版印刷}} = \mu_{\text{網版印刷}}$

（μ代表所量測之印刷滿版濃度平均值）

H_1: 平版印刷與網版印刷方式對印製特銅紙張之RFID印刷滿版濃度有明顯的差異。

H_1: $\mu_{\text{平版印刷}} \neq \mu_{\text{網版印刷}}$

假設二

H_0: 平版印刷與網版印刷方式對印製雪銅紙張之RFID印刷滿版濃度沒有明顯的差異。

H_0: $\mu_{\text{平版印刷}} = \mu_{\text{網版印刷}}$

（μ代表所量測之印刷滿版濃度平均值）

H_1: 平版印刷與網版印刷方式對印製雪銅紙張之RFID印刷滿版濃度有明顯的差異。

H_1: $\mu_{平版印刷} \neq \mu_{網版印刷}$

假設 三

H_0: 平版印刷與網版印刷方式對印製特銅紙張之RFID導電電阻值沒有明顯的差異。

H_0: $\mu_{平版印刷} = \mu_{網版印刷}$

（μ代表所量測之電阻平均值）

H_1: 平版印刷與網版印刷方式對印製特銅紙張之RFID導電電阻值有明顯的差異。

H_1: $\mu_{平版印刷} \neq \mu_{網版印刷}$

假設 四

H_0: 平版印刷與網版印刷方式對印製雪銅紙張之RFID導電電阻值沒有明顯的差異。

H_0: $\mu_{平版印刷} = \mu_{網版印刷}$

（μ代表所量測之電阻平均值）

H_1: 平版印刷與網版印刷方式對印製雪銅紙張之RFID導電電阻值有明顯的差異。

H_1: $\mu_{平版印刷} \neq \mu_{網版印刷}$

假設 五

H_0: 平版印刷與網版印刷方式對印製特銅紙張之RFID讀寫距離之效能沒有明顯的差異。

H_0: $\mu_{平版印刷} = \mu_{網版印刷}$

（μ代表所量測之讀寫距離平均值）

H_1: 平版印刷與網版印刷方式對印製特銅紙張之RFID讀寫距離之效能有明顯的差異。

H_1: $\mu_{平版印刷} \neq \mu_{網版印刷}$

假設六

H_0: 平版印刷與網版印刷方式對印製雪銅紙張之RFID讀寫距離之效能沒有明顯的差異。

H_0: $\mu_{平版印刷} = \mu_{網版印刷}$

（μ代表所量測之讀寫距離平均值）

H_1: 平版印刷與網版印刷方式對印製雪銅紙張之RFID讀寫距離之效能有明顯的差異。

H_1: $\mu_{平版印刷} \neq \mu_{網版印刷}$

五、研究假定

在實驗性的研究範疇之內，有一些研究方面的假定是必須要被考慮的，尤其是本研究是考量了平版印刷與網版印刷，為了可使得此研究能夠更平順的來執行之，而有以下的研究假定：

（一）印刷RFID標籤天線時，因為天線圖案中的厚度會影響RFID

最終效能的表現，不論是平版印刷之不同疊印層數或是網版印刷只疊印一層等，我們都假定每一相同疊印層數的RFID標籤天線，其每一個天線本身的厚度是相當均勻的。

（二）IC晶片本身在黏貼其翅膀而成Strap之IC晶片時，其黏貼的技巧與精確度是會有可能差異的，我們假定我們所購買之Strap之IC晶片都是很穩定的。

（三）黏貼Strap之IC晶片於印製完畢的RFID標籤之天線上，我們必須假定所有的Strap之IC晶片的效果是相當一致且完善的。

（四）黏貼Strap之IC晶片於印製完畢的RFID標籤之天線上，我們假定黏貼的平整度與效果是相當一致且完善的。

（五）在黏貼Strap之IC晶片時，基本上最好不要重複使用，但基於成本的考量，因為晶片若接觸到手指等，其導電的功能會受導影響，我們假定重複使用的Strap之IC晶片，其效果是一致與相同的。

（六）進行平版印刷實驗時，印刷師傅乃根據公司之相關規定與標準作業流程來完成整個印刷實驗，因此我們假定印刷機師傅個人之情緒對本實驗不會有顯著的影響。

（七）在平版印刷與網版印刷的過程中，其網片的輸出與晒版以及直接輸出印版等設備與其相關之週邊設備等，皆經過標準程序的調正與校對過，在操作人員的經驗豐富與否，我們假定對本實驗不會有顯著的影響。

六、研究流程

本實驗研究之流程步驟圖，簡述如下：

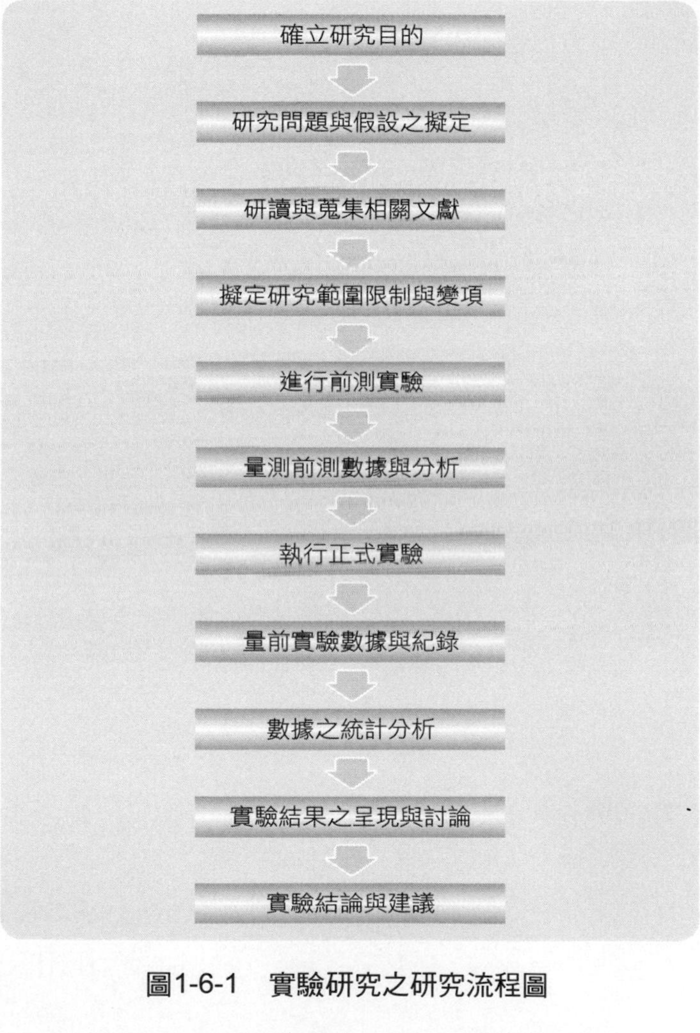

確立研究目的
↓
研究問題與假設之擬定
↓
研讀與蒐集相關文獻
↓
擬定研究範圍限制與變項
↓
進行前測實驗
↓
量測前測數據與分析
↓
執行正式實驗
↓
量前實驗數據與紀錄
↓
數據之統計分析
↓
實驗結果之呈現與討論
↓
實驗結論與建議

圖1-6-1　實驗研究之研究流程圖

七、研究架構

我們此項研究是分為平版印刷與網版印刷的方式分別進行之，也因此其研究架構也分為兩種。

（一）平版印刷之架構

平版印刷之研究架構如下：

1. 研究自變項（Independent Variable）

(1)紙張之變項：特銅紙張與雪銅紙張。

(2)印刷疊印層數之變項：疊印一層、疊印二層、疊印三層、疊印四層與疊印五層。

2. 研究依變項（Dependent Variable）

(1)RFID標籤天線之印刷滿版濃度值。

(2)RFID標籤天線之導電電阻值。

(3)RFID標籤讀寫距離之效能。

（二）網版印刷之架構

網版印刷之研究架構如下：

1. 研究自變項（Independent Variable）

(1)紙張的變項：特銅紙張與雪銅紙張（印製Alien Technology之RFID標籤）以及雙銅紙張（印製SHIH-HSIN

UNIVERSITY之RFID標籤）。

(2)不同乾燥方式與加溫方式之變項。

2. 研究依變項（Dependent Variable）

(1)RFID標籤天線之印刷滿版濃度值。

(2)RFID標籤天線之導電電阻值。

(3)RFID標籤讀寫距離之效能。

八、研究限制與範圍

印刷有四種主要的印刷方式，但本研究只針對平版印刷與網版印刷兩種方式進行研究，主要是因為平版印刷為國內的大宗印刷版式，但此研究的技術門檻則不低，而網版印刷之進入障礙較低，也較為可以掌控研究的始末為原則。換句話說也就是只做平版印刷與網版印刷方式比較可以得到印刷業界的支持、贊助與協助，使得實驗的過程可以較為順利且更為方便的進行，但在研究實驗中也仍然不免有些客觀條件與經費上面不足的情況發生，使得研究的範圍必須有所侷限與規範，另外每一種印刷方式也多少會發生一些較為無法掌控的變化之因素，所以我們將研究的範圍與限制列出如下：

（一）平版印刷之限制與範圍

1. 國內常用的紙張以塗佈紙張與非塗佈紙張為主，我們選用塗佈紙張為研究的範圍，而在這類紙張的種類也算是相當多樣的，紙張的磅數與可生產之廠商也不在少數，但本研究只選用比較常用中的150磅重的特銅紙張與雪銅紙張為主。

2. 平版印刷在正式生產運轉時，其印刷速度是非常快的，但在考量此次是新的研究實驗，因此印刷速度必須限制在每小時4,000到5,000刷的低印刷速度的範圍之內，以確保印刷油墨的轉移順暢無礙與品質的穩定。

（二）網版印刷之限制與範圍

1. 在高溫乾燥的設備中之烤箱，因為其並非高階的烤箱，故其在溫度上的掌控較為不易，我們謹以其設備上溫度調整之設定為原則。
2. 網屏的張網則送交相關廠商來進行此項工作，其中網屏本身的變數與張網的品質則不在我們考慮的範圍之內。
3. 在調配感光乳劑與塗佈感光乳劑於網版網屏上之品質之好壞與一致性，因為人為的因素較不容易控制，所以也不在此項研究之考量範圍之內。
4. 在實際進行網版印刷實驗時的設定，我們參與實驗的同學也僅以廠商在教育訓練時所提供之設定與操作為原則，在印刷時所產生之微幅調整等變數與一些特殊的設定與變化，則不我們考慮的範圍之內。

（三）一般的限制與範圍

1. RFID標籤的讀寫距離的量測，是在「電波無反射實驗室-Anechoic Chamber」中所完成的，而此實驗室是沒有反射與折射等的問題，在國內是非常專業且少有的實驗室，這些數據應當是最佳的狀態的表現數據的。在真實生活環境當中，用於其他的應用與實驗時，也必定會在讀寫距離打上折扣或也有可能增長讀寫距離的，故知RFID標籤的讀寫角度與讀碼器之間的阻擋物等，皆不在我們的討論範圍之內。

2. IC晶片的黏貼是以所謂的無痕膠帶來完成，以便使Strap之IC晶片能夠重複使用，且操作人員比較不會接觸到IC晶片，因此與原版的RFID標籤或是用銀膠黏合方式的RFID標籤，在效能上可能是會有所差異的，因此不在研究的考量範圍之內。
3. 印刷的控制問題是以印刷廠的正常操作模式之下來運作，其他的變化與調整亦不在我們的研究考量範圍之內。
4. 此次的RFID標籤與IC晶片是以915MHz頻率為主的RFID標籤，其他頻率的RFID標籤則未在此次的研究範圍之內。
5. 我們所使用的讀碼器是有方向性的，因此所有接受量測的RFID標籤與讀碼器的讀寫角度限制且固定在90度，才可有較為理想的讀寫距離。

九、名詞解釋

（一）**RFID效能**：對印製RFID標籤天線與黏貼IC晶片之後，效能上而言，基本上以讀寫距離的長短來代表之，讀寫的距離越長，我們認為其表現越好，也就是說其效能越佳，反之若是讀寫的距離較短，則其表現較不理想且其效能也較差。

（二）**導電油墨**：具有導電特質的印刷油墨，又可因不同的印刷版式與不同的被印材料，而有了不同的配方，以便能印製可導電的RFID標籤，另導電金屬的金屬也會有所差異，價格與導電度也相對與導電金屬的價格，也有絕對的關係存在。

（三）**電阻值**：在印刷RFID標籤天線當中，我們僅用三用電錶來量測天線的某一段落，所以此電阻值並非是研究用的RFID天線的完整電阻值，另外不同的電阻之量測值也會因不同被印材料而有有所不同。

2 文獻探討

「印刷術」這個源自於中國的四大發明之一，在近代大量的電腦自動化之後，有了明顯且長足的進步，而在RFID標籤的生產與製造上，有了非常好的機會進入到了印刷的領域之後，讓人們對印刷業界有了新的看法與對待，但這整體RFID跨領域的技術，並沒有一個單一領域的專業人士能夠獨立完成作業的，而必須仰仗不同專業領域的專家共同來參與，這正是身為印刷人的我們，要好好的體會彼此不同專業領域的時刻了，在知彼知己才可以百戰百勝的狀況下，我們對上下流整合的了解，對我們印刷業才會有較佳的機會，以便能來因應與面對未來市場的變動，絕對要利用這千載難逢的機會，進而掌握與佔有這龐大市場與商機之一席之地。

大部分這樣傳統類型RFID標籤天線之生產，是以PCB（印刷電路板）之蝕刻製程來供應，製程的繁複與成本無法有效的降低，讓專業的RFID標籤廠商以及印刷設備廠商，都意識到應該可以利用印刷技術來製造RFID標籤，才是降低RFID標籤成本之可能生產與技術的出路（Montauti, 2006）。而在RFID標籤的成本分析上，其中的IC晶片約佔整體成本的30%，標籤天線部分則約佔30%，封裝與組裝部分則佔40%（黃啟芳，民94年）。由此可知，基本上我們能涉入的部份基本上約略只有30%而已，但現在已經不只有印刷的行業在覬覦這塊市場，其他專業領域的人士們，也早已蠢蠢欲動的積極想進入研究與開發的行列，甚至也想以印刷的方式來進行生產，這些不是印刷專業行業的人士，居然要以我們專業的方式來從事量產RFID標籤，這表示我們沒有藉口並責無旁貸的要積極一些了，免得輸人又輸陣的輸了面子的同時，連裡子也都顧全不了。這些種種就是因為在最近的數年間RFID標籤在美國每年增長5%，在日本每年增長3%～5%，而中國、拉丁美洲與東歐增長速度最快，每年約增加15%～20%，另外據專家預測，到了2015年時全球預計每年將最少需要1兆個RFID標籤（「RFID技術在標籤印刷領域應用前景廣闊」，2006）。

我們都知道自從Wal-Mart宣佈要進入RFID這個領域之後，其他的廠商與政府相關單位也如雨後春筍般的相繼宣佈要積極的參與，這中間包括了Metro、Tesco、Best Buy以及美國國防部等等，而在健康產業、生命科技與運輸物流業等，也相繼開始投入RFID技術的相關應用（羅瑤樂，民96年a）。

雖然如此，但還是有很多產業與其相關的公司行號對RFID採取觀望的態度，因為RFID標籤的單價一直居高不下，雖然Alien Technology宣佈若一次過下訂超過100萬枚RFID標籤，單價將大幅下調至12.9美分，市場上甚至流傳訂單超過一億個RFID標籤的話，RFID標籤的單價可以低到8美分左右的價格，而此價錢已經比2003年同期下跌了44%（「廠商進一步調低標籤售價」，2005）。但Gartner顧問公司卻要提醒欲導入RFID技術的公司，千萬不應該浪費太多時間去等待標籤價錢的降低，而忽略審視技術對自身公司業務的商業價值，而不是痴痴的等而不積極的成事（「顧問公司為RFID 指路」，2004），如此這樣將不但會誤人更會誤己，而是應該儘早找出其可以應用的層面。早期大家都希望能將RFID的單價，能降低到大家都可以接受的5美分時（也就是新台幣1到1.5元），也就是大展鴻圖之日，但現在的看法又已經有了差異，而是最好能低到只有2美分為原則，才可以立刻且大量的應用之，尤其是在零售物流業。換句話說，如果沒有規模的量產RFID標籤，就不可能有成本低廉的標籤，那就更不用說其未來要有如何的成長了。

然而身為印刷人的確是件不容易的事，尤其在此競爭劇烈、大環境不理想、國內市場規模的狹小與無法爭取優質的國外訂單等之內憂外患下，要能生存的下來，甚至要能好好的活著，是需要經歷徹心徹骨的過程，若是沒有相當的覺悟或是求新求變的積極態度，那結果將是相當不樂觀的，也因為如此本章也將僅以介紹RFID相關的議題為主軸，而印刷專業的部份則僅僅以介紹與RFID直接相關的部分為輔。

一、什麼是RFID?

RFID可以稱之為「無線射頻身份辨別系統」或是「電子標籤」，英文全名為Radio Frequency Identification System，但基本上RFID根本不是一項新的科技或是一項新的應用，而是早在二次世界大戰時的英國，在飛機上所裝設的敵我識別器，這在那時就已經在使用的一項有歷史的科技了。但居然因為Wal-Mart在2003年底宣佈的一項策略的制定，而再度的發光發熱起來，主要的原因無它，就是因為沒有任何人或是廠商能忽視Wal-Mart在零售消費市場中呼風喚雨的能耐，每一個做生意的公司或是個人，都必須要非常重視這全世界最大的零售巨人，也因此我們可以預見在此之後，RFID勢必會成為各研究單位在中期與長期研究與發展的重心。現在的RFID已經算是個革命性的科技了，有很多公司行號與組織早就應用了RFID的優勢了，並非常廣泛的應用於醫療與零售物流產業等，因為有了RFID，處理的速度將容易快速、有效率與更透明的方式來進行最佳化（羅瑤樂，民96年b）。

有關什麼是RFID，德國的METRO集團則對RFID的下了一個非常簡單的詮釋，那就是RFID等同於「未來的科技」，RFID內的資料是可以藉由無線方式來傳輸的，而且沒有所謂的實際上的接觸，而且此項創新之應用科技的市場，成長是非常的快速，在研究其解決方案之整合性的資訊科技，已經展開了新的科學、商業生意與公共研究單位的里程碑，我們絕對有理由認為RFID會同樣的幫助零售業來設計些更有效率與更透明化的流程。而專業人士在Wikipedia百科全書中，則認為RFID是一種自動識別的方法，用所謂的RFID標籤來儲存與以遠距離與非接觸的方式來讀寫資料，單一顆RFID標籤是可以貼附在一個物品、動物甚或是在人類的身上，以便用微波來識別為其目的，而標籤本身則含有IC晶片與天線。

RFID系統主要是由RFID標籤、RFID Reader（讀碼器）以及整合性的軟體系統所共同所組成，藉此來建置完整的硬軟體管理系統。RFID是避免了接觸式系統，如傳統的信用卡或是ATM卡的缺點，以電子的方式來做為承載與交換資訊的工具，而RFID標籤是被安裝在要被識別的對象上的，並利用射頻訊號以無線方式來傳送資料，透過感應的方式來寫入與讀寫RFID標籤內所攜帶與儲存的資料，並加以正確無誤且迅速地辨識、分類、分析與處理這些資訊，因此RFID標籤是不需要與讀碼器有直接的觸碰，就可以做到資料交換的目的，以作為後續處理工作的進行，以便達到有效用與有效益的管理。

然而此種以無線方式來交換資料的方式，事實上並沒有所謂方向性的要求與特性，只要RFID標籤與讀碼器，在適當的距離之內即可交互作用並交換資訊，而RFID卡片是可以置於口袋、皮包、皮夾或是背包內，可以不必取出就能直接辨識，免除了現代人經常要從數張卡片中，要找尋特定卡片的煩惱，所以增加更多使用上的便利性。但如此科技上所帶來的便利性，是需要付出相當代價的，因為有可能遭到不法之有心人士側錄RFID標籤內資訊，RFID標籤安全性的問題與消費者個人隱私權的問題等，這些議題也勢必要好好的共同來一起討論。

其實RFID標籤的一個主要目的就是要取代部分的一維條碼，請各位回想一下您目前的採購消費過程，結帳人員一定被先找出您欲購買物品上的條碼（而此大多為所謂的一維條碼，少數的情況才有二維條碼），而這些條碼可能直接印刷在物品上，或是印刷在物品所附的標籤上，以固定式或是手攜式的讀碼機鎖定條碼，進行讀寫條碼上所呈現的資料，之後再進行交易所必須要的處理，而讀寫條碼本身就必須花費一些時間去找尋條碼的位置，甚至會發生條碼讀寫不到的情況發生，那在時間的花費上就會更多，如此讀寫條碼的行為對排隊顧客時間的浪費是不可言喻的，人工登入、條碼與RFID處理速度之比較則可參考表2-1-1。印製條碼於產品上或是標籤上，對印刷業界卻是一項再簡單也不過的事情了，而且成本上幾乎是沒有增加的，這對業者好像是不錯的選擇而留在舊有的模式就可以了，但印刷費用的節省應不是主要的考量，時間上的成本與產品管控的成本，才可能是較為重要的考量的。

表2-1-1　人工登入、條碼與RFID處理速度之比較登入方式

數據量	1筆	10筆	100筆	1000筆
人工登入	10秒	100秒	1,000秒	2小時47分
掃瞄條碼	2秒	20秒	200秒	33分
RFID辨識	0.1秒	1秒	10秒	1分40秒

資料來源：「RFID無線射頻識別標識系統的探討」，黃昌宏、陳雅莉，2004，台北：中華印刷科技學會，p. 259（黃昌宏、陳雅莉，2004）

事實上，一般大眾已經開始使用很多RFID科技所帶來的便利了，但他們不會也不必要知道或了解RFID是怎麼一回事，因為他們根本不會在乎，只要RFID能帶來省時、省事與省錢就可以了，其他的事就交給需要負責的人員就可以了。另外若是您擁有數張RFID卡片，例如悠遊卡、信用卡與學生證等於一個皮夾內，則有可能會發生彼此干擾的問題，因為當讀碼器對所有RFID標籤同時對發出訊號，而這訊號的發送是有其一定的距離，而當所有RFID標籤作反應時，就如同與無線區域網路一樣，其中可能會有衝突與干擾之問題，因此各家晶片廠商在處理此問題會有共同的技術，所

以現在已經有了結合多種卡片功能於一身的RFID卡片的問市，就是為了減少太多卡片的不便性與技術性上的問題。也就因為如此，我們在此必須特別強調任何新的科技是不可能面面俱到的顧及每一個面向，有一好就可能沒有兩好，而這中間使用此項科技的優缺點之平衡，當然就有必要仔細來拿捏的。

二、RFID標籤之物項編碼

在RFID物項編碼中儲存於標籤內的資料結構以及無線通訊介面協定，意即規定標籤與讀碼器之間如何互通有無的通訊這個部分，其實還沒有大家共同推舉的全球標準，而其中又以歐洲的ISO國際標準化組織、日本的UID與美國的EPCGlobal等為主流，換句話說就是大家各自推廣各自的標準，也有可能誰先制定，誰就是標準，或是誰是業界大哥大，誰說了就算數，或是說誰的市場比較大，誰就可以大聲的制定標準，我們也可以從早期Beta與VHS錄影帶中，窺視這樣情勢發生的現實，來看待這樣標準的制定，這還真不知是好事還是壞事，身為終端消費者的我們，其實並不會真正感受到業界這樣競爭的利弊得失，必須在競爭的業者彼此大戰一番之後，待標準制定之後，我們才可以了解應該要如何去應對，或許也只是去遵從競爭後所制定的標準，並沒有任何意見表達的機會，只能默默的承受或希望這競爭的結果真正是以消費大眾的利益為出發點，而目前比較知名的標準有ISO-18000系統、EPCGlobal與日本的UID系統，但中國大陸挾其市場與製造能力與勢力的優勢，而且本身還可以成為單一市場之姿態，也已經在計劃制定自己的標準，然而世界其他國家與地區也無法坐視與忽略這樣的發展，也正在持續注意當中。而EPCglobal在2005年時發表其Gen II的規格，以及Gen II也即將納入ISO的規範之中後，亦即ISO與EPCGlobal也已經建立了合作互利的關係，因此我們就僅以EPCGlobal與日本的UID系統的標準作簡單的介紹。

（一）EPCglobal

此概念的發想源自於麻省理工學院（MIT: Massachusetts Institute of Technology）所進行有關自動化辨識系統的研究，當時以第二次世界大戰所使用之RFID技術，進行一項創新的應用研究，進而在1999年成立Auto-ID研究中心，以零售業的物流為出發點，並且成功的研發出EPC（Electric Product Code）。然而在2003年10月結束了Auto-ID研究中心，並將EPC轉移給EPCglobal Inc.，此為EAN International和UCC所合資的非營利組織，於2003年11月成立時，也就是說將EPC的研究正式由學術研究進入了商業應用的階段，而由EPCglobal持續投入後續科技的研發和管理，並藉由全球的會員的力量，共同來推廣EPC標準，預期能藉由EPC科技所賦予的功能，提昇交易夥伴使用RFID技術的能力。並透過持續發展的EPC網路標準之相關構件，開放與鼓勵企業參與，促使全球各地的產業一致採用EPC，我們可以清楚得知EPCglobal之野心不可謂之不大。EPCglobal還進一步的結合世界上六所知名研究學府：美國的麻省理工學院（Massachusetts Institute of Technology）、英國的劍橋大學（The University of Cambridge）、澳洲的阿德萊德大學（The University of Adelaide）、日本的慶應大學（Keio University）、中國的復旦大學與瑞士的聖迦南大學（The University of St. Gallen），繼續進行EPC新階段的相關研究工作。

在確定EPCglobal與ISO合作之後，EPCGlobal似乎已經佔有了大哥的地位了，全球產業對於EPC/RFID在不久的將來提昇供應鏈的效率與通透性，已認為是指日可待之事。而規劃架構最完整的EPCglobal標準，也已成為RFID技術中市場佔有率最高、使用率最廣的標準，並秉持當初Auto-ID研發EPC的宗旨，務必達成最低成本的支出，因此產生EPC規格的RFID標籤和讀碼器。而整套EPCglobal網絡是使用EPC碼、RFID標籤與資訊網路等科技，就是企圖建立一個RFID全球統一標準與規格化的RFID標籤，也因為這些科技的應用，使得交易夥伴間達成加速訂單的處理，快速反映顧客需求，同時也在物品的收取、計算、分類以及運送過程增進效率（羅瑤樂，民96年b）。而目前EPC所使用的頻率主要為高頻（HF: High Frequency）和超高頻（UHF），而在EPC所使用之RFID標籤，則通常是指被動式的RFID標籤。

1.EPC Global Taiwan

在咱們台灣，推動EPC的專責機構是「EPCglobal Taiwan」，隸屬於財團法人中華民國商品條碼策進會（EAN Taiwan）所管理。EPCglobal Taiwan在台灣的網站上（http://www.epcgolbal.org.tw）有著清楚與明確的資料，可以提供一般大眾、專業人士或是會員來觀看，若更有興趣，還可以直接到國外EPCglobal總部的網站一觀究竟。本文就只針對一些簡單與必要性資訊，作為印刷業的先進與從業人員的參考，在此容許我們提一下，此類資訊或許並非是我們印刷人的專業，但印刷人仍然有必要做一些初階的了解，我們建議只要「知其然」即可，並不需要「知其所以然」。

EAN Taiwan的網站特別強調，EAN Taiwan是國際EAN社群的成員，屬於非營利機構，目前擁有15,000家以上公司會員，其目的在於透過各種媒體傳播識別系統、電子商務與供應鏈知識與應用標準，並提供相關專業服務，協助企業改善自動化追蹤、庫存管理、商店情報管理以及快速回應協同商務等。EAN Taiwan成為EPCglobal在台的唯一代表，將致力於：(1)為台灣RFID產業建立國際接軌管道；(2)建立RFID知識中心；(3)提昇RFID商業應用價值；(4)加速EPC標準普及應用；以及(5)推廣EPC創新商業模式。

EPC在台灣是以「產品電子編碼」稱之，它可以是任何物件的標準編碼，適合以RFID標籤來承載，結合網際網路的環境與資訊科技，連接物件與電腦成一網絡，促成雙方相互溝通。EPC科技的實際操作起於將EPC碼存放在標籤中，隨著物品的移動，沿途讀碼器發射無線電波感應物品上的標籤，後端系統便展開資料的查詢與存取。整個機制運行有賴於整個系統的完善建置，所傳輸的物件資訊，不只物件的基本資料，例如外觀、重量、材質與包裝等，甚至還可追溯至上游原料生產，下至終端的配送，詳述物件活動路徑與生產過程。

2.EPC編碼

EPC碼為EPC系統裡關鍵的設計，為物件在資訊系統中的唯一代號，藉此物件相關資訊得以在散佈全球的EPC網絡中存取，進而建立信息交換標準。EPC碼已被喻為新一代條碼（Next Generation Barcode），編碼結構延伸自現行的傳統條碼，在物件信息描述上，更為豐富、詳細與更具時效性。

EPC碼的標示對象，包含使用傳統條碼的物品之外，小至物件單一品項的小箱子，大至棧板、推車、貨櫃與貨車等，甚至擴及服務項目皆合適採用EPC碼，提供這些實體或虛擬的物件全球唯一的編號。就以台北地區所使用的捷運悠遊卡，其IC晶片空間的容量遠遠大於已經使用所需要的大小，也因為如此，悠遊卡才可以結合其他領域的用途，例如公司行號與大廈的門禁卡、大學的學生證與信用卡等等，將來一定會有如「香港八達通卡」的功能，也如同7-11便利商店的i-Cash卡的功能一樣，同樣的具有電子錢包的用途。

（1）EPC編碼的特色

A.號碼容量大：

當EPC碼核發後，使用者可依據其產業需要進行後續編碼，其容量之大，不僅容納現行的需要，也兼顧未來的發展並可以進行擴充。

B.獨一無二的編碼：

EPC碼的設計，視物件的單一品項為不同的個體。

C.可擴充性：

由於標頭版本及其結構化設計，使EPC碼容量極大化，保留許多剩餘空間得以隨時擴展編碼。

（2）EPC編碼結構

EPC基本上是一個可以擴充的編碼系統，為了因應不同產業之需求，可作為編碼上的調整設計，以便賦予每一個物件品項有著「獨一無二」的編碼，因此絕對不會與其它不同的物品或相同物品有著重複的情勢發生。目前所公佈的EPC標籤規格，未來RFID標籤將以容量有96位元為主，以排列組合來看，共可有2的96次方，您們和我們可能都無法想像這個數字到底有多大，這絕對超過了一般大眾對數字上的概念，在一段時間的未來也一定還會有256位元，甚至更大位元的編碼出現，這則必須視使用者需要來選擇標籤容量，並因隨著容量大小，調整其編碼結構。

羅瑤樂（民96年b）指出了EPC碼結構之基礎編碼方式（General Identifier-GID），並以GID-96（即96位元）為例：

A.標頭（Header）：

為EPC碼的第一部份，由8個位元所組成，主要定義該EPC碼的長度、識別類型和該標籤的編碼結構。

B.一般管理者代碼（General Manager Number）：

具有獨一無二的特性，為一個組織代號，也是公司代碼，由28個位元所組成，共可有兩億六千八百萬的公司行號，並負責維護結構中最後兩組連續號碼。

C. 物件類別碼（Object Class）：

在EPC編碼結構的角色為辨識物件的形式以及類型，由24個位元所組成，也具有獨一無二的特性，可提供一千六百萬不同的物件類別碼。

D. 序號（Serial Number）：

連續號也同樣具有單一的特性，賦予物件類別中物件的最後一層，由36個位元所組成，使得同一種物件得以區分為不同的個體，而可有六千八百萬個相同的物品序號。

（二）日本UID-Ubiquitous ID

日本的人口數早已超過一億人，也早就已經是已開發國家，更是世界中的七大工業國（Great 7），人民的GDP更是名列世界前茅，其發達的樣子大概是國人都已了然於胸的，當然在此領域也不會缺席，也制定了自己的UID，亞洲原本也只有日本能在世界經濟上說的上話，現在中國大陸也挾其廣大的土地、人口與市場，也已經在世界的舞臺上發聲了。因此日本的UID目前已經連結了亞洲的八個國家共同來推展UID，這些國家包含日本、中國大陸、南韓、台灣、新加坡、泰國、越南與澳洲等。

而T-Engine論壇是一個全球組織，在其網站中也明確的闡述其使命，是為了會員做資訊的交換與促進科技的轉移，T-Engine論壇是一個開放的標準的即時操作系統的發展環境，而UID中心則是旗下要去建立與推廣的核心技術，為了自動來驗明的有形的物體與位置，去朝向了解無遠弗屆的運算環境。T-Engine是為了建構一個能夠普遍性的運算環境而設計的一個開放標準之即時能開發環境系統，也要標準化硬體、即時作業系統與物件格式的規格，以便能使中介軟體能分配的很順利，若使用T-Engine所提供之豐沛的中介軟體，系統開發時間與成本會有戲劇化的降低

UID中心所推動的活動有：

1. 架構所謂的U碼的ID系統，以便確認有形物體與位置。
2. 建立使用U-碼的核心技術：資料攜帶裝置定儲存於U-碼之中、裝置可以溝通資料的攜帶裝置、建立資訊與溝通互動的搜尋與U-碼有關資訊的核心技術。
3. 建立衛了搜尋廣大安全性的分佈系統的核心技術。
4. 配置UID的空間。
5. 執行U-碼的資料庫分析。

三、RFID標籤之天線設計

天線設計的種類其實是成千上萬種的，天線本身所使用的頻段為何，也會與其應用的目的為何，以及頻段天線本身的大小都有關聯，而天線的形狀更是千奇百怪，有的很對稱的合乎邏輯的幾何圖形，有的複雜到完全看不懂的地步，有的甚至也可能簡單到無法想像的地步，甚至在本研究當中的文字都可以當作天線設計的圖案，只是簡單的天線設計是不一定可以用在特定應用上的。當然天線的應用也不只是用在RFID標籤上而已，它可以應用在小到現代人（尤其是我們國人）日常生活中已經不可或缺的手機，大到家中的

數位電視的天線等，也就是說天線設計的一門相當可觀的專業，不但可深可淺，還可廣可狹的應用在我們周圍而不自知。

我們簡單介紹幾個RFID標籤天線，圖2-3-1就是個典型對稱式的RFID標籤天線，而圖2-3-2就是德州儀器公司所設計之RFID標籤，從圖中還可清楚的看到德州儀器公司的Logo，已經設計在天線之內了，圖2-3-3則是大同大學通訊所碩士學生詹景晴利用碎形理論所設計出的RFID標籤天線，而圖2-3-4則是以大同公司的英文字母所排列而成的RFID標籤天線的設計圖案，圖2-3-5則為置入動物體內的RFID標籤，做為植入動物體內之識別所用，這是採用繞線方式來生產之RFID標籤，這不是我們印刷能參與到的。當然天線的設計實在是太多樣了，我們只簡單的列出這其中的九牛一毛而已。

圖2-3-1　RFID標籤天線圖樣

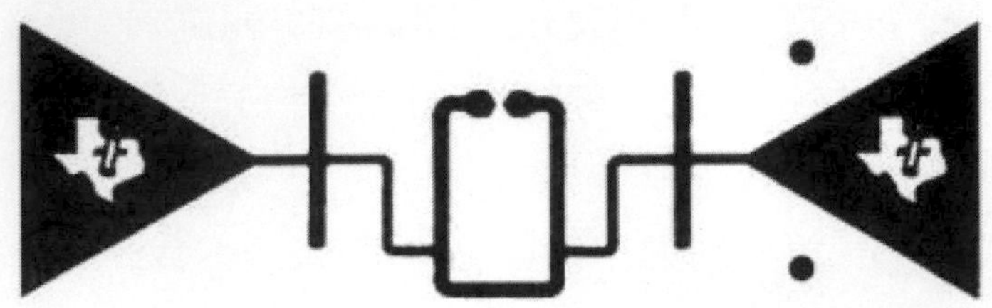

圖2-3-2　德州儀器公司所設計之RFID標籤天線

圖2-3-3　碎形理論所設計之RFID標籤天線

TATUNG COMPANY

圖2-3-4　大同公司（英文）之RFID標籤天線之設計

圖2-3-5　動物識別所用之RFID標籤

天線頻率的選擇會與RFID標籤的讀寫距離與其應用有關，當然與天線的大小也相對的有所關聯，而天線形狀的設計當然是個學問，形狀設計出來之後，其X軸與Y軸有些許放大或是縮小的變化，都會對原始設計天線的效能有所影響，這對以印刷方式來印製RFID標籤天線圖案一次而言，根本不是個問題，而在疊印多層數的套準問題上時，基本上也不是大問題，因為這些天線都是以線條稿滿版的形式來呈現，但我們反而要考慮的是網點擴大（Dot Gain）的問題，因為不論印刷疊印幾次，都有可能會產生網點擴大的情形，而這樣就會使得天線的形狀也些許差異的可能，進而可能會影響天線本身原始設計的效能，我們確實不可不小心。

我們如果先不把天線設計的效率與效能的好壞考量在內，而RFID標籤天線的設計其實是與物理的特性有關的，而這物理的特性是絕對不可以被犧牲的，否則RFID標籤天線將會是一個無用的廢物。天線的設計現在是比以前簡單的多了，因為已經利用電腦的軟體與硬體來輔助，將設計好的天線透過電腦的模擬測試，進行天線功能的檢測，不但可模擬其效能也可以藉此來修正與改進天線的設計，如此一來是可以降低在設計與時間上的成本與增加其效率。RFID標籤天線的設計大部分為對稱的，但只有少數特定的狀況是有非對稱的，因為這特殊的用途，而這設計是有其困難度的，而且是需要相當的時間來設計的。而印刷RFID標籤之良率是不可忽視的問題，一致性是非常重要的，印刷導電油墨在轉印時的疊印（trapping）能力是主要的考量，尤其是多色印刷時，它的濕式疊印與乾式疊印絕對會有不同結果的，若先以UV乾燥或是IR乾燥印刷導電油墨，甚或是以其他方式來增加墨膜厚度與增加其穩定性，是責無旁貸要去克服的議題。因此在設計天線時，有幾項基礎議題是必須要先了解清楚的。

（一）電阻：

在一般電子學裡面對於導電度是用電阻的角度來看，而電阻可以定義是一個電路欲阻止電流通過，同時使電能轉換為熱能之性質，謂之為電阻，電阻是物質中阻礙電子流動的能力，亦即電阻值其單位為歐姆，以Ω（Omega）表示之。即所謂的歐姆定律：在同一導體中，電流與電壓成正比，與電阻成反比。電阻的定義是電壓與電流相除的結果，即

$$R = \frac{V}{I}$$

當中R為電阻（以歐姆計算），V為電壓（以伏特計算），而I為電流（以安培計算）。得到的電阻值低就是證明其導電性相對的好，假如得到得到的電阻值高，反之導電性較差。

（二）阻抗：

每一個東西都有阻抗，阻抗與電阻不是完全一樣的東西，阻抗可分為電阻性阻抗、電感性（感抗）阻抗與電容性（容抗）阻抗等三類，在高頻電路中，為求功率能否有效地傳送至下個階段，其阻抗匹配是否能能成功的配合，非常重要。而耦合電路的目的，即在作阻抗匹配的工作。大部份的高頻信號源的輸出阻抗皆為50Ω或75Ω，而本實驗是以50Ω來做天線設計。

（三）阻抗匹配

為了使RFID標籤的共振頻率能和Reader產生到最佳的共振效果，所以必須以Smith Chart的圖形（請參考圖2-3-6），找到最佳的阻抗值來跟晶片的電感值抵銷，最理想的匹配是加起來虛部為0。在諧振的情況下，其輸入阻抗是一種實電阻且數值為輻射電阻，且以搭配IC電阻值來做改變，一般約為50Ω。

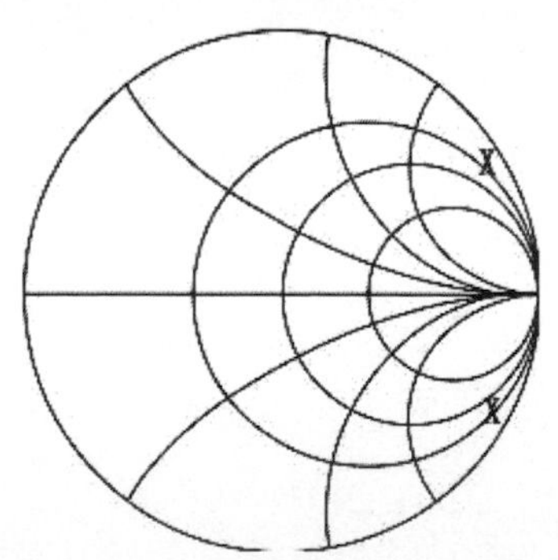

圖2-3-6　Smith Chart的圖形

資料來源：「RFID Tag Antennas Designed by Fractal Features and Manufactured by Printing Technology」, Huang, C. , Zhan, J., & Hao, T., 2007, 9th International Conference on Enterprise Information Systems, Portugal.

四、RFID標籤之晶片與封裝

對RFID標籤而言，IC晶片是一個不可或缺的重要零件，因為沒有了IC晶片，資料就無從儲存與讀寫，也就喪失了RFID標籤的意義。除了IC晶片本身儲存資料量的大小之外，也由於我國晶圓代工生產與IC設計業已經在全世界佔有一席之地，尤其是以晶圓代工的台積電與聯華電子為代表，再加上晶圓尺寸也慢慢的走向以生產12吋晶圓為主（從6吋、8吋到12吋），意即這些IC晶片在晶圓數量上也已經越來越多，而每進階一個世代，其晶圓之面積大小就增加約一倍（6吋：36平方吋；8吋：64平方吋；12吋：144平方吋），而生產技術也一直的向前衝刺，早已經進入了「奈米」的階段（90奈米、65奈米，甚至最新仍在研發的45奈米），換句話說每一個晶圓將可以生產更多的IC晶片，套用摩爾定律（Moore's Law），因為晶圓技術的提升，每經過18個月，其IC晶片的數目就會倍增，性能也將提升一倍，這已經經過數十年挑戰的定律，恐怕仍然還能適用接下來的十來年。也就是因為我國政府推廣之「兩兆雙星」中的一兆產業-晶圓代工產業，不遺餘力的向前邁進，導致我們可以預見在要求RFID標籤應用在零售物流業上，會因為IC晶片本身朝著滿足客戶在成本上考量的步伐中，而不斷的降低RFID標籤的單位生產成本，所以在我國生產RFID標籤的確有先天優勢的條件與環境。

如果只有考慮印刷RFID標籤天線如此單純的話，恐怕要量產RFID標籤是太過於簡化與樂觀了，IC晶片的成本是我們印刷業所無法掌控的，其成本的降低有賴降低IC晶片的大小尺寸的，IC晶圓越大越好但IC晶片則愈小愈好，大晶圓片可以切割出更多的IC晶片，而單一晶圓可切割的IC晶片越多，其IC晶片的單位成本就越低。IC晶圓生產完畢之後還要經過封裝之後才可以使用，而國內的日月光已經是全世界最大的封裝公司了，所以在整體的IC晶片方面，我國實際上是非常具有競爭力的，不需要假他人之手，就可以在國內有系統的處理完畢，而且全都是Made in Taiwan。

但是IC晶片越小，我們的挑戰就越大，要將如此微小的IC晶片放置在RFID標籤天線上，而且接點要接在正確的位置上，才可使得RFID能正常的運作，而這所謂IC晶片封裝（Packaging）的程序與技術是相當困難與高價的，因此執行此項工作的成本是並不亞於印製RFID標籤天線的成本的。但RFID業界在技術上的迷思，可能就是太執著於考慮天線設計的困難度與複雜度，因為我們希望IC晶片越小越好，但是越小IC晶片，則植晶技術的門檻與成本也就越高，因此就必須投入更多資金作研發工作，在短期內反倒會推高生產成本而適得其反，尤其對植晶技術或是植晶的成本與時間而言，則又是另外一個主要取捨的問題（「顧問公司為RFID指路」，2004）。

在IC晶片黏貼於RFID天線上的接點，而使得RFID標籤能正常的工作，我們必須要了解晶片如何高度可靠的黏合於被印材料上，這般的封裝的技術與製程亦是相當需要Know-How的，也是一重要的研發領域，這黏貼IC晶片於RFID標籤天線上的精準度要求是非常高的，且其對IC晶片在封裝效率上要求也相對的高，否則就算天線利用了印刷方式而提高了產能與降低了RFID標籤的部份成本，但仍然幫不了RFID標籤的生產效益，而拖延了整體生產效率與效能，如此一來也是徒勞無功的白忙一場，因此上下游生產的配合是相當重要的，缺一不可，因為有任何的差池就會危害整體生產的產能與產值的。

我們實驗的IC晶片的黏貼封裝是採取了簡易的方式，即使用所謂的Strap的IC晶片，因為晶片本身加裝了像蝴蝶般的翅膀，讓我們有較大的空間來黏貼IC晶片於我們印製的RFID標籤天線上，另外德國有家公司在此方面，也有了技術性突破材料的發明，在天線的兩個接點上，滴上一滴所謂的只能垂直導電而且不能水平導電的特殊材料，之後將IC晶片黏貼於天線上的兩個接點，如此一來就是降低了對IC晶片封裝上精準度的要求，使得封裝的製程，更能簡單化與可以增加生產RFID標籤的良率。

五、RFID標籤之讀碼器

RFID Reader的中文說法有讀寫器、讀寫器、閱讀器與讀碼器等，我們則使用讀碼器為統一的稱呼。在RFID識別系統中，RFID讀碼器是利用射頻技術將RFID標籤中IC晶片內的資料讀寫出來，或將RFID標籤所需要儲存的資料寫入RFID標籤中IC晶片的裝置，讀碼器讀出的標籤資料，是可以通過電腦及網絡系統等，進行管理和資訊傳輸以及處理。也就是說RFID標籤在通過這一訊號區域時會被「喚醒」，進而發送儲存在RFID標籤中的資料，或根據讀碼器的指令改寫儲存在標籤中的資料。讀碼器可接收RFID標籤發送的資料或向RFID標籤發送資料，並能通過標準介面與電腦網路進行通信。而這讀碼器的構成一般是由天線之射頻模式和讀寫模式所組成。

更進一步的說，讀碼器是將訊號送出去，而訊號的本身就具備有能量，當訊號與RFID標籤內的天線產生了共振，達到了第一類接觸之後，此能量會轉化為讀寫IC晶片內的資料，並將此資料再透過天線產生訊號而傳遞出去給讀碼器來接收，若讀碼器所送出的訊號不足，就算IC晶片內的資料有被讀寫到，但是卻不能夠有足夠剩餘的能量，將資料傳送回讀碼器，這樣的過程也還是算失敗，能量的不足當然與環境有關，訊號被截斷或是距離太遠等，都不能順利的完成這一來一往傳遞的過程，等於是做了白工一樣。

讀碼器的種類基本上與其天線設計的頻率有關，例如低頻之125-134KHz，高頻以上為13.56MHz、860-930MHz、2.45GHz與5.8GHz等不同頻段之讀碼器，一個讀碼器並不能與所有的RFID標籤進行互相溝通於傳遞資料的，就算是相同的頻段之RFID標籤也是一樣，這除了在頻段的選擇上之外，讀碼器必須要能與RFID標籤相互配合，另外也還必須與RFID標籤資料交換之相關標準要能互通有無，所以在做研究時，所要採購的讀碼器可能不僅只有一台而已。讀碼器大致上又可分為固定式RFID讀碼器與可攜式RFID讀碼器兩種。

RFID讀碼器是國外的學者普遍認為，在整體RFID上、下流的相關產業當中，是我國最有可能切入的市場，因為我們在硬體上的製造生產與成本管控的管理上，早就名洋國際了，也最為國際所稱道，因為我們有能力生產出經濟實惠且功能強大的讀碼器。另外根據國外的報導，已經有讀碼器安裝在手機之內，可見其體積是可以相當的小，而且小到還可以放入更多的硬體之內了，如果還能進行大量的生產而降低單價，我們還要注意讀碼器頻率的選擇，如此一來則整體RFID的應用，也就更可以雨後春筍般的出現。

另還有一非通訊專業的人士所認知的迷思，因為RFID射頻識別系統之運作，通常是由讀碼器在一定的區域內發射射頻能量而形成電磁場，但是我們不是很了解的就是讀寫距離的長短是取決於發射功率的，因為發射的功率越大，對人體就越有可能會產生不良的影響，因此讀碼器本身在發射功率時的設定與調整是極為重要的事，若是在沒有人或是動物的介入情形之下，發射的功率是可以加高以便提高RFID讀寫資料的距離與讀寫資料的成功率，一旦有人或是動物出現在讀碼器與RFID標籤之間，那讀碼器的發射功率就最好以正常值來加以控制，以避免對人體有負面的影響。而讀寫距離除與卡片有關，更多的與讀碼器有關，因為讀碼器工作頻率的偏差與輸出功率的大小，都會影響到讀寫距離的（馬自勉、陳崑榮，2004）。

六、RFID之導電油墨

生產RFID標籤所使用的導電油墨（Conductive Ink）是以印刷

的方式來進行的，此導電油墨扮演著最舉足輕重的關鍵與角色，印刷就算是能大量生產RFID標籤，但是真正能使RFID標籤產生作用，就必須仰賴導電油墨，才能讓標籤內的天線產生共振，使其能將IC晶片內的資料可以接收與傳送之。導電油墨配方必須具有良好的印刷適性，印刷之後須具備附著力強、電阻率低、荷值比高、乾燥溫度低與導電性能穩定等特性（馬自勉、陳崑榮，2006；羅如柏，2006）。除了導電金屬的加入之外，原本油墨中的成分我們也必須要稍微了解一番，例如黏結材料用來提供油墨之黏度、油則提供油墨之流動性（包含大豆油、石油、桐油與棉花籽油等）、溶劑則是降低油墨之黏性與稀釋油墨之用、乾燥劑用來幫助油墨之快速乾燥並使其變硬與添加劑則可加強耐磨性以及光澤度。

而在生產RFID時，因為每一個RFID的標籤面積都不會太大，印刷只是中間的生產方式而已，而被印材料的紙張或其他可能的被印物體，其成本相對而言都不算太大，但是油墨卻佔有成本極大的比例，因為導電油墨的成本實在太高了，所以導電油墨的管控就異常重要了。然而導電油墨也有幾項特性要必須要充分的了解：

（一）導電度

為使導電油墨具有導電（conductivity）的特性，導體的加入是勢在必行的，電阻率較低的物質被稱為導體，常見導體主要為金屬，而自然界中導電度最佳的是銀，而其他不易導電的物質如玻璃與橡膠等，電阻率較高，一般稱為絕緣體。而較為常用的導電金屬可為銀、銅與鋁，甚至是非金屬的石墨碳也是其中的選項。銀的導電度是所有金屬之中最高的，其導電度高達63.01 * 106，銅的導電度也不差，其導電度也高達59.6 * 106，而鋁的導電度也有37.8 * 106，事實上連海水都可以導電，但其導電度只有5而已，也就是說海水是表現不佳的導體，而我們所喝的水的導電度則只有0.0005 to 0.05左右而已，金屬的使用除了要考慮導電度之外，最為重要的是價格的問題。

最近很紅的奈米議題，事實上也已經應用在導電油墨與一般油墨中了，也就是原本我們所認知的巨觀與微觀的世界，因奈米的出現，使得原本的物理或是化學理論勢必要做些調整與修正，奈米化的油墨會使得印墨有較佳印刷適性的表現，同時還可增加導電度，但奈米化金屬之特性會變得比較難以捉摸，在技術性上的突破是需要花上更多時間與金錢的。

我們也都知道導電金屬在整體導電油墨的成分比例較高時，其導電度也較佳，但其成本也相對的水漲船高，而減少其成分比例時，雖降低了成本，但也相對的犧牲了導電度，但有導電度佳的導電油墨，可以有較薄的印墨厚度，而較便宜的導電油墨卻必須要有較厚的印墨厚度，雖兩者都兼具了雷同的導電度，這其中的選擇則很難去決定，而印墨厚度也不能太薄而失去了導電度，也不需要太厚提高了導電度若具有良好的導電度，在此同時也提高了成本與加長了後端讀寫距離，但這個實際與原本應用的方向，卻可能產生了背道而馳的目的。

這類導電油墨與以前印刷界所用的導電油墨是不同的，先前的導電油墨只是具有傳導性介質的用途而已，而RFID標籤上所稱的導電油墨不但要有效益上的考量，也同時要考量成本與印刷適性的問題。我們也知道金屬使用的多寡與導電度有著絕對的關係，要如何掌握這中間的平衡是關鍵，因為魚與熊掌是不可兼得的。

（二）印刷版式

誠如一般的油墨，不同的印刷版式會有不同的考量，必須針對各種印刷版式的特性而定，如平版印刷的印墨厚度較薄，網版印刷之印墨厚度較厚；平版油墨因在墨滾上高速轉移之故，產生較高溫度而會有所影響，而網版油墨就單純的多了。

另外被印物體也不盡然全都是紙張或是平面的塑膠材質，也有可能為不規則曲面之被印物體，當然也必須考量以何種印刷版式來進行生產，而有不同的導電油墨的使用與不同的版式的選用，這當然會使用到不同的導電油墨與不同的配方，如此一來這中間的排列組合與複雜度是會大大的升高的。

（三）印刷適性

導電油墨的研究與開發若能突破，對後續的印刷生產中的印刷適性有著巨大的重要性的。不同的被印材料理當有不同的油墨與導電金屬配方，例如油墨顆粒的大小，是否會對印墨滾筒產生不良的影響；油墨的攪拌性與在墨滾上油墨的流動性優良與否；油墨與空氣接觸上其氧化的程度，對印刷又有什麼樣的影響；對印刷環境中的溫度與溼度之敏感度又有何影響；油墨的轉移情形的好壞，與在多色印刷時所可能產生剝墨現象為何等等，這些林林種種與印刷適性切身相關的議題，都是需要做進一步的研究與克服的。

（四）乾燥的議題

印刷完畢後的乾燥方式、溫度的高低與時間的長短是另一個要考量的議題，我們認為印刷墨膜的厚度與乾燥的時間，基本上是成正比的，也就是說印墨的厚度越厚，則其乾燥的時間就需要的更長，印刷印墨厚度越薄，則乾燥的時間也就相對的短。而我們都希望印墨厚度是越薄越好，除了是因為油墨的用量成本的考量之外，後加工難度的降低、乾燥時間與印刷適性等，也是另一些主要思考的問題。

為了縮短乾燥的時間，UV紫外線與IR紅外線油墨乾燥的方式，也已經被研發甚至已經有了此類產品的問市，在印刷時的導電油墨若能立即乾燥之，則在後續的加工上有很大的方便，例如IC晶片的黏貼，甚至整個RFID標籤的黏貼在不同應用產品上，有著更多生產上的彈性、產能的提升與提高其生產良率，更可以提升其附加價值。

（五）其他

將導電油墨轉印製至被印物體上時，其導電度是最重要的，而導電度的好壞除了導電油墨中導電金屬的成分外，就必須取決於印刷上的製程的好壞與一致性了，導電油墨的印墨厚度是RFID標籤可否使用的關鍵之所在。若是導電油墨厚度不夠，卻只過分的強調因可節省導電油墨的使用而減少成本，但可能導致導電度不佳，反而因良率的下降而真正造成成本的增加，若導電油墨之印墨厚度太厚，其導電度佳但導電油墨的使用成本接著就上揚。

另外我們都明瞭不同版式與不同的被印材料，都必須有不同的導電油墨來搭配，印刷RFID標籤與傳統印刷有著不同的成本概念，我們都知道大量的印刷，紙張的費用是佔有總印刷成本比例最大的，但印製RFID標籤的最大成本卻是導電油墨，印刷多多少少會有不少值錢的導電油墨殘留在印刷滾筒上（除了網版印刷之外），在生產成本錙銖必較的狀況下，印刷師傅就要思考如何做好油墨的回收，或是如何有效並充分的使用導電油墨於印刷結束時，印墨也剛好使用殆盡。

七、RFID標籤的種類

基本上RFID標籤的應用，早已經深入你我的日常生活之中，其種類可以說有千千萬萬種而一點也不為過，而以天線設計為本的RFID標籤的種類，現在也已經有了不少的設計樣式與應用，未來的種類則可能更多。我們因此可以簡單的分為以RFID標籤的讀寫方式、RFID標籤之工作頻率、RFID標籤之工作讀寫距離與RFID標籤以其能量傳的方式等分類來加以描述之。但我們必須特別強調的是就以單獨的分類可能會有些不明確，因為這些分類之中可能會有些許定義分類上的重疊，也就是說某一種分類而有其他分類的影子，這並不是分類上定義的模糊而反而是正常現象。

（一）以RFID標籤工作頻率分類

RFID標籤中以工作頻率的分類，可分為低頻（LF: Low Frequency）、高頻（HF）、超高頻（UHF）和微波（Microwave）等，其較為常見頻率與其頻段之應用範圍則請參考圖2-7-1。但是RFID標籤工作頻率的選擇，最好是以最終應用端再往前推，來決定到底要使用何種頻段與晶片，而且是要如何的配置在一起，重要的不僅僅是所謂技術性、成本與應用上的問題而已，頻率的選擇還牽涉到政府的公權力，因為頻率基本上屬於公共事務領域，所以才會屬於政府所管制，而我國在RFID使用頻率之應用和法規開放的標準，大都是以美國的市場為主，規格也都跟隨著美國，最普遍的產品主要為低頻之125-134KHz，高頻以上為13.56MHz、860-930MHz、2.45GHz與5.8GHz等（溫嘉瑜，2004）。事實上在世界其他國家都對此也都有相當的限制與管理，只是頻段開放的多寡各有不同而已，而我們也因為特殊的狀況（對岸虎視眈眈的危險）一直存在，所以對頻段的開放上採取較為保守的態度，因為事關國家的安全與我們生活的長治久安，因此政府的措施還算是可以理解的，只不過是不是會影響業界未來的發展或是對大環境的經濟發展，則是有賴相關業界與政府坐下來好好討論與溝通，共同來一起來取得平衡。

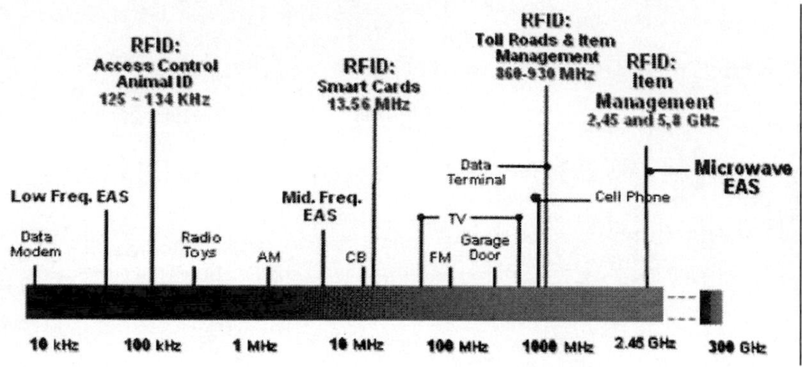

圖2-7-1　RFID頻段應用之分佈

資料來源：「無線射頻技術的應用與發展趨勢」，蕭榮興、許育嘉，2004，台北：資策會電子商務所，p5（蕭榮興、許育嘉，2004）

不同頻率的RFID標籤當然會有不同的應用，也會有其不同的工作特性，其讀寫距離的長短也當然會有所不同，而其特性是我們在思考不同頻段的RFID與應用時要審慎考量的。因為不同的應用環境之下，RFID的效能會有不同的表現，我們都知道頻率越高，其讀寫距離也就越長，且其天線的平面範圍也相對的越小，但對金屬以及水的穿透性則不足，而且很容易被側錄，其IC晶片內的資料有可能有所謂安全性的疑慮，換句話說我們所生產的RFID標籤，不可只以距離的長或短為唯一的考量，而必須與其應用為主才是最恰當的。

（二）以標籤的讀寫方式分類

RFID標籤的讀寫方式可以分為只可讀型標籤和讀寫型標籤。很明顯的從兩種分類來了解RFID標籤，前者的功能僅僅表示只提供IC晶片內的資訊，並無法做資訊的交換，而且晶片內的資訊是固定的，無法更改變動的，但是仍然可以一直的讀寫資料，這當中還可以區分為可讀型RFID標籤與可讀寫一次的RFID標籤，這兩種的區別就是要看客戶的需求而決定要使用哪一種的RFID標籤，基本上也大多應用在零售物流業，或是應用在用過即丟的RFID標籤較多。

而讀寫型的RFID標籤則有需要做IC晶片內資料的交換，除了讀寫資訊之外，經過計算處理之後，還要將資訊回傳寫入到IC晶片之內，既然做了一次資訊的互換，就有可能做第二次或是後續交換的必要性，也就是說會有重覆使用的機會，因此這類型的RFID標籤的應用較為廣泛且標籤之單價也會高些，但也表示其使用價值也比較高，而對我們印刷RFID標籤中的天線品質的要求也較高，尤其是晶片封裝的精確度是不容忽視的。既然有資訊交換的必要，很有可能屬於短距離讀寫之RFID標籤，因為必須要避免資料的被盜取。若是一般大眾使用此類的RFID標籤的話，也就必須要注意它的安全性與千萬要小心不要遺失了，因為這類型的RFID標籤，可能是有價值或是會儲存個人的基本資料的，一旦不小心遺失，其後續的補救措施是會比較麻煩。

那到底對印刷業界而言，哪一種較適合我們來從事大量的生產呢？我們認為基本上以前者可讀型RFID標籤較佳，因為需求量比較大，但這並不表示我們對可讀寫型的RFID標籤是束手無策的，對我們印刷業界，這樣的分類與我們基本上沒有什麼關係的，我們只是將天線轉印在被印材料上而已。

（三）以RFID標籤工作距離分類

RFID標籤讀寫資料的工作距離，基本上可以分為遠程RFID標籤、近程RFID標籤與超近程RFID標籤等。基於不同讀寫資料的工作距離與範圍，以便符合不同的應用與需求而有此種的分類，遠程RFID標籤通常以主動式的標籤為主流，因為工作距離很長，其標籤內晶片之反應必須要有很強的能量，才能夠將資料傳給RFID讀碼器，進而做後續資料的處理，而其讀寫資料的工作距離大多定義在1公尺到20公尺左右，因為其讀寫距離相當之長，在晶片資料的安全性是比較要思量的，當然這類的應用也可以是唯讀的資料而無法改變晶片內的資料。

近程RFID標籤當然是介於遠程與超近程RFID標籤中間，其資料之讀寫距離約在1公尺以內，可用來做門禁的進出控制與出勤考核等。而超近程RFID標籤方面，我們可以很清楚了解到，這類型的RFID標籤，應該是與晶片內資料的安全性有很大的關連性，所以讀寫的工作距離相對而言是最短的，也為了避免資料被宵小所竊取與盜取，或是利用去從事不法的情事，而其讀寫資料的工作距離大多定義在1公分到10公分左右。

（四）以RFID標籤能量傳遞方式分類

RFID標籤基本上可分為主動式RFID標籤、被動式RFID標籤與半被動式RFID標籤三種。

1.主動式RFID標籤（Active RFID）：

又可稱為有電源RFID標籤，主動式的RFID標籤因本身含有電池，是可以主動的發射電波，將RFID標籤內IC的資訊傳遞出去，因此其資料的傳送較不會有問題，亦即讀碼器讀寫資料的成功率相當的高，但其使用的期限，則端視於電池持續的能力而定，但其價格最高，只可能適用於高價值、高價格與高單價商品或是系統的應用。另外此主動式RFID標籤會佔有較大的體積且重量也相對的比較重，因此其放置的位置是也必須要仔細斟酌的，因為此RFID標籤會主動傳輸IC內的資料，也就是說此內容應不具機密性的資訊，避免了資料被盜取了而產生後續可怕的情勢之發生，而以我們印刷相關業界而言，我們是不需要擔心的，這種高單價主動式RFID標籤的生產製造與應用方面，我們應該不會直接參與的。

2.被動式RFID標籤（Passive RFID）：

又可稱為無電源RFID標籤，此類標籤的情況可就複雜的多了，因RFID標籤本身並不具備主動發射電波的能力，而必須是接收到外部傳送來的電波，經由收取的電波轉換為能量，再將RFID

標籤內IC的資訊，用殘存的能量向RFID標籤本身正反兩面的方向，發送某一頻率的信號，由讀碼器回收傳送而來的資料。

這中間當然有能量傳遞或吸收不足的問題，能量從讀碼器而來，但其能量必須超過一定量的時候，才可以讀寫RFID內的資料（亦即喚醒或是激起RFID內之資料），但是我們別忘了，RFID標籤之IC內的資訊，也必須要有足夠的能量回傳給讀碼器，若是能量不足夠，就會導致整個過程的失敗。因為這回傳的能量是有方向性的，若是能夠集中能量回傳給讀碼器，則是可以提高讀寫率的，因此這能量的獲取與消耗都是要考慮的，但若這能量太過大，對人體安全的影響也是需要考慮的，畢竟RFID應用的穩定與提昇，絕對不能對人類身心有任何不良的影響，不過這基本上印刷業界是可以不太需要緊張的，因為這中間的關鍵並非我們要去琢磨的。

因為被動式RFID標籤不具有電池，所以的體積相對小的非常多，但相對的也會犧牲了主動讀寫資料的能力，體積的減少並不意味著面積的下降，而RFID標籤天線的設計是有其一定的物理條件的，高頻與低頻的限制和RFID標籤天線設計的大小有著絕對的關係，其效能的好壞，除了RFID標籤天線的設計之外，其他如讀碼器的功率與RFID標籤的製造，亦有相當大的關連性存在，也就是說缺一不可。

3.半被動式RFID標籤（Semi-Passive RFID）：

另外有一種RFID標籤天線的設計，就是以色列公司所開發之Power Paper-半被動式的RFID標籤，這個RFID之內亦存在著一種新型設計的薄型電池，此種電池其實並不會因為具有電池而主動的發射出訊號，而是較容易的獲取與吸收電波，或者是說可以吸收較低能量的電波，卻仍然是可以喚醒並驅動RFID標籤內的資訊向外傳送出去的，因為傳送晶片內資訊出去時，RFID標籤本身並不需要傳遞進來電波的能量，而是可以直接使用RFID標籤內電池的能量，直接將資訊傳遞出去，因此這個RFID標籤，最多也只需要原來被動式RFID標籤所需能量的一半而已，是可以好好的省卻能量的耗用，達到資訊寫入與讀寫的目的。更有趣與令人興奮的是，這種特殊的電池，也是以印刷的方式印在被印材料上的，而且還是以平版印刷的方式，將電池印在被印物體上的，這是一個比主動式的RFID標籤還要薄很多的RFID標籤，所以其整體的體積也並不大（Weissglass, 2005）。如果印刷業界能好好的同時把握這兩種技術，前景的確是大大的光明。

八、RFID標籤之應用

RFID既然是很有歷史的科技，可想而知的是它還能存活到現在，而且是越活越有朝氣，可見得RFID的確是個很長壽的科技，且算是很有未來性的科技了。RFID的應用已經在你我的周圍出現了許久了，或許因為老百姓認為一切事物都太理所當然了，往往因此而忽略其存在已久的事實與必要性，但只要你能用心的觀察，你就不難發現處處有著RFID的蹤影與痕跡，甚至每一天都可能有RFID應用被發明，或是被創新而出現在市場之中，以下也只能在眾多應用當中，簡單的敘述一些已經發生且較為生活化的應用：

（一）捷運悠遊卡（MRT Easy Card）、信用卡與電子錢包

在大台北地區生活的老百姓，最為熟悉的是捷運悠遊卡（MRT Easy Card），其應用除了捷運、公車等大眾運輸系統與部份的公有停車場外，住在大廈裡居民的門禁卡與很多公司員工所持公司的服務證等，也都是RFID的相關應用，而且也已經與捷運悠遊卡作結合了。因為悠遊卡內IC晶片儲存的容量，遠比搭乘大眾運輸系統需求的容量空間大的多，所以絕對還有發展其他更多應用的空間，公司行號的識別證就是一例，一證（卡）在手，就絕對可以「悠遊」於大台北地區。而這類的RFID標籤的卡片，之所以必須以短距離來讀寫與識別資料，完全是肇因於安全性的考量，所以這類就是低頻率的RFID標籤。

我們去過香港的國民，對香港人民普遍使用的「八達通卡」，應該會有一些不同的感受，似乎應該是先進與已開發國家該有的設施與設備，不但大大的應用在大眾運輸系統外，也同時具有電子錢包和現金卡的功能，對老百姓的生活帶來了不少的便利性。而國內先前也已經有多家銀行將信用卡結合了悠遊卡於一身，不需要擔心悠遊卡的儲值餘額不足，也可以當信用卡來使用，大大的增加了卡片的功能。

另外台灣的超商當然也因為看好悠遊卡，也結合了電子錢包和信用卡，紛紛投入此領域，超商龍頭7-11、全家便利商店、福客

多與萊爾富便利商店等，也已經於今年的第二季陸陸續續的進入這個市場，可見的未來是其他的便利商店也必定會加入之。身為消費者的我們在購物時，可持結合多功能的RFID標籤的卡片來付款，不但可以免去找零錢的麻煩，並可加快結帳速度。因為這類的悠遊聯名卡不但擁有自動儲值的功能，還擁有信用扣款的功能，即使消費者身上沒有錢，仍然可以小額購物。7-11所推出icashwave感應晶片信用卡，則僅僅結合電子錢包與信用卡功能，但在今年底前，此卡還將具有存款的功能。而萊爾富便利商店則已經可以於店內以信用卡來消費，包括RFID信用卡與傳統式的信用卡兩種（楊美玲，2007）。事實上國內的好市多量販店（Costco）與屈臣氏（Watsons）也早就在使用RFID信用卡，大家都強調RFID信用卡只要四秒鐘以內就可以完成一次交易，這確實是節省不少整體時間。

而目前台北地區的悠遊卡而言，也已經解決了「問卡不問人」的方式了，民眾已經可以將個人的資訊直接植入在悠遊卡內，而有所謂個人專用的悠遊卡了，倘若不小心遺失了，其解決問題也和信用卡的方式雷同，可以降低損失的可能。另外信用卡公司也已經在推廣RFID信用卡了，國內的國泰世華銀行、台新銀行、台北富邦銀行與中國信託等銀行就是典型代表，之後一定還會有更多的銀行陸陸續續的會跟進，他們甚至與特定的賣場或是超市等結盟來共同使用之。美國大信用卡公司亦推出使用RFID的快速付賬信用卡，讓顧客購物結帳時只需在收銀機旁揮動一下信用卡、手機、特製的鑰匙扣環或是個人數位助理電腦（PDA）即可，不但不必刷卡而且也不必簽字，省時又省事，而美孚（Mobil）及艾克森（Exxon）石油公司，更早在1997年即開始小規模採用這種科技（「RFID信用卡免刷卡免簽字」，2005）。

（二）手機

現在連手機上都可以安裝上RFID讀碼器，可以經由手機掃描或讀寫物件的資料，透過手機3G傳輸的功能，將欲想要的資料、物件與物品等等進行採購的動作，甚至手機上可以結合信用卡與金融卡的功能於一身，未來在手機上的應用與服務將會越來越廣泛，例如日本已將最高面值-壹萬元的鈔票放置了RFID標籤，假鈔與偽鈔的發生應該會減少之。而國人使用手機的比例也已然是全球第一了，一旦只要是應用端準備好了加值服務，消費者應可以很快的能進入狀況。

（三）機場的乘客行李

RFID也可以應用在機場行李的跟蹤、管理及監控方面，新加坡的樟宜機場與香港的赤鱲角機場，已經使用RFID了。另外凡是經由香港入出境與轉機的旅客會發現，行李上面貼了一個RFID標籤，半透明與部分黃底半透明「HKIA」的字樣，背面就是RFID標籤之天線與IC晶片。前一陣子天后級歌手張惠妹的個人專用麥克風-小白，因行李的轉機過程當中而遺失，航空公司花費了一番力氣才在澳洲機場尋獲，若是其行李有貼著RFID標籤的話，此種情況的發生一定會降低，因為行李的追蹤與傳送都能獲得適當的監控，甚至在恐怖的事件頻傳的現在，也可以達到部份安全的維護工作。在美國有一次對四萬件行李的測試中，裝有RFID標籤的行李的讀寫準確率達到了96.7%～99.8%，遠遠超過了條碼系統（「RFID標籤與印刷共迎商機」，2005）。好消息是我國的大門－桃園國際機場，也將於近期內進行此項系統的建置與執行，對我們出國的國民不諦是一件美事，這樣不但可以提高旅客對行李安全運送目的地的滿意度，也可以降低安全人員與管理人員的人數與降低人事的成本。

（四）小學學童安全

RFID的技術，也同樣可以用於小學生的安全與校園門戶上的管理的應用上，例如北市南湖國小、北市中正國小、北縣淡水國中與北縣新莊國小學等，小朋友身上攜帶著當RFID標籤，可附加於學生的名牌內、書包內或是RFID學生證，當小朋友從校門口進入到學校校園內時，系統可以自動偵測這位同學已經進入校園，或是以刷卡的方式進入校園，有的系統可以將此訊息傳送簡訊到家長的手機上或直接寄發電子郵件等，家長因此可以確定小朋友已經進入到學校的範圍，當小朋友離開學校時到安親班或其他場所時，系統同樣的可以在寄送出簡訊給家長，類似這樣的服務與應用已經實施在部分的中、小學中，而且也已經有越來越多的中、小學會裝置此系統，如此確實是可以大大的降低家長的擔心與提升學童的安全。在大型購物中心與大型兒童樂園中，亦可將此RFID標籤，以美化過的手鍊或是項鍊的方式套在小朋友上，這不但是一種美化的裝飾，亦可以適度的防止小孩與家長走散。但有關學生個人行動的隱私權是不是一向需要討論的議題，則有待相關的單位做進一步的討論了。

（五）動物晶片

國內的貓和狗等寵物上，也已經充分運用了RFID動物晶片，除了增加寵物在安全上的管理，寵物飼養主人檔案的建立與寵物預防接種疫苗的施打，甚至可以避免寵物的遺失與不當的撲殺問題。至於較為大型的動物，也一樣可以植入作追蹤，前一陣子所流行的狂牛症，如果有RFID的管理，應該也會更容易做管理與追蹤，可以幫助大型畜牧業的養殖者，方便在其養殖牛羊等的管理、可能降低疾病的傳播與更容易達到高效、自動化的管控，同時也為食品的食用安全上，提供消費者的保障。另外在人體上的應用也成為議題了，尤其是獄政方面的管理，對受刑人是植入人體或是佩帶於手上的RFID，也成為管理與人權之間的爭論。

（六）醫療機構

醫院也已經有了應用，由於之前SARS的問題，讓RFID的應用更能積極的進行，國內新竹地區的東元醫院、台北醫學大學附設醫院、與其管理的市立萬芳醫院、三軍總醫院、彰化秀傳紀念醫院和信治癌中心醫院等等，其應用可涵蓋人（親子或失智老人的身分辨識、授權）、事（院內病患溫度或壓力監測、病歷／廢棄物傳送）、時（病患接觸史、院內人員出勤狀況）、地（導引、警示、隔離）、物（藥材管理等）的管理。站在醫院的管理立場，一方面必須嚴加管控可疑患者的病情，另一方面又不希望醫護人員長期暴露於危險中，於是，他們想到RFID技術，或許可以運用在SARS防疫上，將新的資訊技術或工具引進醫療機構，克服現有工具或技術無法解決的溫度、定位、警示、接觸史與出入控管等問題。如此這般，醫護人員既可減少與病患的接觸，又可獲得病患體溫等正確訊息（李和宗，2005）。

（七）圖書館

在圖書館的管理中，若是每一本書皆崁入RFID標籤（但要放置在適合的地方才可以），如此應該可以建立更為便利的自動借閱系統，降低人員的數量與管理成本，更可以有效的管理書籍的排序，與降低書籍發生遺失與偷竊的情形，另外還可以方便圖書管理人員堆書籍的排放與整理，在國內的數位內容學院的圖書館，也已經將其館藏的書籍、CD與DVD等影音產品與電玩等全部加以RFID化，但目前是採取RFID與條碼並進的策略，應該在不久的將來可以全面的應用之，但RFID貼放的位置是一門學問，若有不削的人士加以破壞，則損失可能會不可計量，以某一種角度而言，此種系統的建立是防君子不防小人的，但是國內已經有越來越多的單位進行運用了，例如在南港軟體園區內的數位內容學院圖書館就是一個例子，而台北市立圖書館之內湖與西門町亦有小型的RFID無人圖書館的設立。這是與印刷最有直接關係的應用，尤其是現在火紅的軟皮精裝書或是傳統高階的硬皮精裝書的印製，是最可以加入RFID的應用於製程當中的。

新加坡國立圖書館就是一個非常成功的範例，圖書館因為有了RFID系統，使讀者增加了在借閱上之便利性，而且圖書館內的每本書上都有RFID標籤，而此微小標籤可內置於書頁之內而無損於外觀，借閱與還書系統也能自動發現並進行處理之（「解讀RFID白皮書-RFID發展技術戰略初定」，2006）。

（八）護照

連世界的老大哥－美國，也已經在2006年10月起，對其國籍的居民簽發有RFID晶片的護照，首先是駐外的人員，一旦測試的結果是理想的，則會推廣到一般老百姓。而IC晶片內當然可以包含個人的一些基本資料，其護照內可包含的資料的多寡，除了IC晶片的大小之外，還有的就是擔心資料的隱密性與安全性，但也有些資料是不會載入的，雖然此項舉動似乎還有些許爭議，但此一動作，的確對RFID的應用有了一些鼓舞的作用（「美國來年將簽發RFID護照」，2005）。

（九）包裝印刷

另外在印製包裝印刷的產品中，可將RFID置入，但最好不是貼上去，尤其是不可以貼在包裝盒的表面上，以避免影響印刷包裝盒上的圖像與文字等，而破壞了整體的畫面，貼在包裝盒的內部，也都有可能會遭有心人士的破壞，崁入應該是最為理想的方式。印刷造紙業界的大哥大-永豐餘集團，付出了相當多的精力與時間在RFID的研究發展上，也獲得政府的補助，而且更獲得了不小的成效。這項應用在最能與印刷業界有關的應用，而我們投入也最有價值的地方，應該就是這個部份，不過距離真正的好好加以利用，恐須假以時日才行。

（十）大型連鎖店

國內的燦坤與順發等3C的連鎖店，也已經在使用RFID了，因為有了政府的補助，更能得心應手的加以普及化。在美國阿肯色州立大學的一份研究報告中指Wal-Mart在使用RFID後，在有使用RFID的12間分店中，有效的減少缺貨情況達16%，缺貨情況平均比沒架設RFID的12間分店少了16%，遺失貨品率更有望下調至6.7%。此外他們也發現積存在分店內的存貨亦告減少，因每次分店收貨時，資料已即時更新，毋須如過往般本來有貨在某個地方，卻因尋找不到而先行多向批發商要貨（「RFID為Wal-Mart缺貨帶來真正靈丹」，2005）。

另外筆者一直認為自美國引進國內的好市多量販店，是最好引用RFID的模範商店的，有去過好市多的消費者都知道，其商品的價格之所以單價較為便宜，主要是因為消費者必須要大量的採購，換句話說每一個物件的體積都不算小，而且其商品的種類也比其他量販店少些，所以對貼附RFID標籤於物品上的方式是絕對可行的，再加上好市多也已經使用了RFID信用卡，所以只要好市多的

RFID系統架構好，其實是可以讓消費者提早進入所謂的無店員的量販店來進行消費採買的，這絕不是神話與天方夜譚。

（十一）高速公路的收費

國內爭吵的如火如荼的EPC高速公路電子收費的議題，有很多專業人士有著不同的見解，是應該採用紅外線或是無線電波的技術，連政府相關單位都無法能好好的處理，似乎把技術性的專業問題加以政治化了，把簡單的好壞或是相對較佳的收費系統的問題給複雜化了，使得真正的議題模糊了，身為老百姓的我們當然更是霧裡看花的不知所措，但國外的應用大多為無線電波的案例，也就是採用了所謂的RFID的方式，來加以管理應用在高速公路或是過橋的收費機制上。這除了系統的建置費用、使用的費用與效率和效益等的問題，都是必須要好好費思量的，最好是以百姓的便利性與經濟的方式來解決為宜。

另外在大台北地區大眾運輸系統中的公車方面，最近才又加上以大都會公車路線為主的公車即時行進資訊於網路上，結合了之前的捷運接駁公車的系統，當然資訊能在網路上看得到，也許是GPS（Global Position System）的功能，但似乎RFID也可以在此項需求上，提出另一種解決方案。

（十二）媒體娛樂業

媒體娛樂業基本上是運用零售供應鏈的發展，因為他們的產品必須是單一品項皆要有一個單獨RFID標籤的，而其消費性的商品大都是CD與DVD之類的產品等，這些公司行號多是電影公司、電玩遊戲製造商、軟體製造商、零售商、光碟生產製造商甚至提供解決方案的單位等，我們千萬不可小覷這個行業的能力與能量，如果您最近對DVD系統有瞭解的話就會知道，美國好萊塢的相關電影商，似乎可以決定DVD這個儲存媒介最後的贏家會是誰，而我國幾家光碟生產的大廠，也會虎視眈眈的來看市場的變化為何，但是若能先在RFID這項科技上贏得先機，則是對光碟製造商的一大利多才是。

（十三）汽車維修

國內的裕隆汽車，在工研院的協助之下，也已經成功的將售後服務的汽車接待流程、維修動態與車輛管理等，應用了RFID的技術，每一台生產出廠的汽車接有其RFID標籤，是個獨一無二的記號，不但將汽車的情況加以記錄下來，車主的資料也一併記憶下來，好像是汽車業中的亞都麗緻飯店一樣，讓客戶在回廠維修與保養時，得到尊貴的感覺，其服務效率與服務品質則不可言喻。

（十四）其他

其實RFID的應用已經愈來愈廣了，甚至每一天都可能有應用的構思與想法出現，但成熟度與市場的接受度則是另一項重要的考量，在高級汽車的輪胎上已經放置RFID標籤，可隨時提供輪胎內胎壓的資訊給駕駛人，在建築工地與大型建設的進行中，也可以將

RFID標籤置入於安全帽內，當作安全與人員進出的管控之用，廢棄物與需要回收的垃圾等的管控，甚至在電腦軟體的安裝上面，也可以有此構想上的發揮。藥廠也針對假藥品的問題付諸相當大的關心，也進一步的對病患在吃藥物的劑量上發揮想像的空間，來幫助病患能在對的時間吃對藥。

蘇衍如（民95）更加指出由於RFID具備無線傳輸、擁有較大容量資料儲存空間等特性，非常適合用於活體畜養之動物身上。而我國在養殖漁業的部份，為了要整合養殖端、儲運端、畜養端與零售端等，淨化台灣最大之活魚供應鏈，可以進一步的透過資訊化平台以及RFID技術的整合與應用，完成資訊透通的電子化活魚供應鏈，以期待未來能夠推廣至各式食品供應鏈當中。

除了在CD與DVD等相關娛樂方面的音樂與影片上放置RFID標籤，DVD播放機也必須裝上讀碼機，這樣使得相關行業必需要投入相當的研究經費與人力，因為若是這樣做，也可以算是防止偽造的機制之一，將來對相關事業之智慧財產權的保護與利益上的獲取，將會是不可小覷的財富呀！誠如之前所說的，RFID的應用是會隨時隨地的出現新的創新服務與應用的，在這麼有限的篇幅之內，是無法完整的介紹所有RFID的應用，而只能簡單的介紹一些應用而已。

九、四種印刷方式與RFID

我們一般所看到的RFID標籤，其生產的方式主要可以有蝕刻、電鍍、繞線、濺鍍、蒸鍍與印刷等等方式，以生產的方式而言，蝕刻法可能是最為昂貴的方式，這種類似PCB（印刷電路板）的生產方式，必須從導電層將不需要的部份腐蝕掉（即非印紋部份），但製程較為複雜且也相當不環保；電鍍法應是目前最佳的生產方式，且其天線的厚度，是可以因應不同需求，而自由的在電解槽內增減時間的長短，來決定天線導電層的厚度；繞線的方法，則是以植入型動物晶片為主流，做為動物管理或是追蹤之用，並不見得適用在目前可預期的應用之中；濺鍍的方式則是結合了印刷與製作PCB的方式，在以印刷天線紋路在被印材料上，而被印材料則有如PCB一般是具有導電層附著在上面，印刷的方式就如同印上一個Mask，之後再將其非印紋部份以溶液（可以是水）洗去即可；而印刷的方式應該是最具潛力的方法，但印刷方式還未能成熟的量產之，但若是成功的解決其生產的問題，應是成本相對最低的生產方式，目前國內也已經有其解決方案，且生產成本與國外相當。

其實我們最為關心的還是以印刷方式來生產RFID標籤的相關議題，印刷天線的技術的最顯著特點是投資少以及效率高（馬自勉、陳崑榮，2004），所以是所有生產方式中最具量產能量的，但相對也可能是生產良率最不理想的生產方式，因此必須注意要如何改善生產流程與成本的管控，以便提高生產的良率，畢竟印刷生產的方式是目前想像的方法中，最可以以低價且大量的方式來進行生產，也因為如此我們印刷界先天上佔有了此種優勢，但如果只有生產方式的優勢，並不能代表印刷業界就能贏在起跑點，因為非常有可能輸在終點，有趣的是印刷業界要能加緊腳步的趕上其他已經量產的方式，是必須要與化工相關的專業來生產所謂的導電油墨的，甚至與被印材料有關的造紙與塑化等相關業界來配合，共同合作來以印刷的方式來生產。

美國時代雜誌認為印刷是偉大的發明，是因為印刷貢獻在傳播與傳遞訊息與知識上的功能，現代的印刷則早已經淡化了其傳統的意義與價值。一般大眾在平常所採購的東西，其時處處都可以看到印刷的蹤跡，只是他們並不會仔細的觀察與注意到而已，換句話說一般大眾所用的物品都會用得到印刷，而且並不只是我們可以想到的報紙、雜誌與書籍等這些直接與新聞出版相關的印刷產品，當然還包含了日常生活用品或是用品上的包裝等等，印刷已經被老百姓視為理所當然用於日常生活，而因此常常被忽視它的價值與它的存在。

另外有一個與印刷直接相關且有趣的議題，那就是導電油墨是否會損傷油墨滾筒，有些業界之專業人士或許會有些質疑，根據測試的結果而言，這應該是不需要擔心的，雖然導電油墨中有金屬的成分在內，但金屬粒子已經相當的小，對印刷的流程與印刷的滾筒在短期內應不至於造成傷害，我們想是可以放心的，但若是要長期的使用此導電油墨，那可能還是要等待時間來驗證了。

而印製RFID標籤是可以與印刷有直接的關係的，如此以印刷的方式基本上可以提高印刷品本身的附加價值，而印製RFID天線於被印材料的方式，基本上我們認為可以有兩種方式，一是在印刷生產時，連線印製RFID標籤天線作業的一次性直接生產；二是在以印刷生產產品之後，再加工於已經生產的印刷商品上，而成為兩次或多次非連續性生產。在生產製程的設計上，除了在硬體上的投資之外，軟體上的投入也不容小覷，最後就是人員的配合與訓練了，生產流程的平順佔有舉足輕重的地位。

表2-9-1　四種印刷方式與其墨膜厚度之比較

	平版印刷	彈性凸版印刷	凹版印刷	網版印刷
墨膜厚度	1 - 2 μm	6 - 8 μm	8 - 12 μm	20 - 100 μm

我們都了解到印刷主要有平版、彈性凸版、凹版與網版等四種主要的印刷方式，而這些方式基本上都可以用來印製RFID標籤的天線，姑且先不論印刷技術、導電度油墨與被印材料等相關問題，我們千萬不要忘記，我們印刷業界只是利用印刷的方式來印製RFID之標籤的天線而已，而天線的印刷只不過是印刷中最簡單的線條稿而已，且目前天線設計的天線粗細的程度，對我們現有的印刷技術而言，實在說不上是對印刷具有挑戰或是威脅，因為真正的挑戰絕對不是如此這般簡單而已。Blayo and Pineaux （2005）就印刷四種主要印刷方式的墨膜厚度的陳述如表2-9-1，並加以論述RFID標籤的印製：

（一）平版印刷

平版印刷在台灣應該算是最常用的印刷生產方式，而平版印刷的印墨厚度也可說是印刷四種方式之中最薄的，也就是說如果只印刷一次，以目前市面上的平版導電油墨而言，那可能是行不通的，因為油墨層太薄而會導致導電度的不足，進而造成讀碼器無法讀寫RFID標籤內IC晶片的資料，或是因能量提供的不足，而無法將晶片內的資料傳送回讀碼器，因此可能必須以多色印刷的方式來印刷，重複的印刷RFID標籤的天線，去累積天線的印墨厚度，讓其感應的效能能夠提高，達到可以讀寫與傳送資料的情境。但要以多少色來套印呢？那則是很難說的，端視印墨的厚度要達到什麼樣的地步，甚至印刷放墨的控制也可能是一個重要考量的因素之一，但是印墨厚度的量測與RFID之標籤的測試，皆非印刷相關的專業領域，我們必須與其他RFID之相關產業來配合、幫忙與尋求協助而完成後續的工作。無水平版印刷可以除去水在印刷時的干擾因素，可能在油墨的疊印上會有比較理想的效果，達到更佳或是更理想的厚度，進而有較為理想的導電度，以便能讀寫RFID標籤內晶片內的資料，並加以回傳給讀碼器。在台灣的平版印刷機數量之多，的確令人難以想像，這當然包含了張頁式平版印刷機與輪轉式平版印刷機，也因此在此方面最有必須在技術上有所突破，並加以轉移技術給有興趣的廠商，整體的力量才能突顯出產能，產能的上升才會促進印刷在此成長的空間，而生產的良率則是接下來的課題，因為這是我國最有希望能大量生產RFID標籤的潛力所在。

我們可以將平版印刷與RFID標籤天線生產的關連性，彙整如下：

1. 平版印刷的印墨厚度最薄，必須要以多次印刷的方式來增加印墨天線的厚度，以便達到可以讀寫與傳送資料的基礎。
2. 生產量可以很大，天線設計的複雜度可以高且可細緻化表現之。

3. 因為可以也必須進行多次的印刷，RFID標籤之天線設計的讀寫距離，可以因為印刷次數的多寡，而有讀寫距離長短上的差別。
4. 大部分印刷廠皆有此設備與能力，較為容易找到願意配合生產的合作廠商，因此進入生產行列的障礙並不高，只要經過些許的訓練與溝通即可。
5. 可以印刷相當細緻的網點。

（二）網版印刷

網版印刷的印墨厚度可以說是印刷四式當中最厚的，進入的門檻也算是最低的，雖然印刷速度是最慢的，單位產能也是最低的，但這些都並不是重點，網版印刷在財務上的投資最低，且目前的網版導電油墨也是最為低廉，我們可以好好的仔細盤算看看，假設一個RFID標籤天線的面積為10公分乘以5公分，一個網版印刷的面積可以容納多少顆RFID標籤，就算每印一次可以印製50顆RFID標籤就好，網版印刷的速度雖然不快，但要印出一百萬個RFID標籤所需要的時間，也是可以計算出來的，而且應該還是在可以忍受的範圍之內，因為每一個RFID標籤並不見得在短短時間內，要求印製如此大的量，況且這也只是一台投資不算很高的網版印刷機的產能，若真需要高產量的話，只要再投資購買另一台網版印刷機或是採用較大尺寸的印刷機即可，也就是說網版印刷不見得是最不理想的生產方式，相反的，就是因為網版印刷是最為多樣與最為多變的印刷方式，反而可能可以結合加工的方式，來增加網版印刷用於印製RFID標籤的優點，也提昇單位RFID標籤的產值與附加價值。

另外網版印刷的網屏對印刷的精準與精細度有著相當的影響，有些天線的設計不但複雜度相當高，甚至有很多需要平滑的幅度與很尖銳的形狀的設計，在網版印刷技術上算是具有挑戰的，就算是採用高網屏目數來印刷，但因為我們對網版導電油墨的印刷適性的不熟悉，是否印刷出來的品質是可以接受或是印刷良率的高或是低，是必須要有心理上的準備的。

以網版印刷而言，因為其印刷可以取得較厚的印刷墨膜，其導電的能力較不是考量的重點，但相對的是因為印刷墨膜較厚，基本上其導電金屬的含量也一定相對的較少，因為導電金屬是導電油墨中佔有最大部份的成本考量，但又因為網版印刷的墨膜厚度較厚，所以也會產生所謂乾燥的問題，若是以烘烤來乾燥之，其時間與烘烤溫度是否會影響其導電度是另一個要考慮的課題。另外我們也都了解網版印刷的印刷一致性與穩定性，當然是較不若平版印刷或是其他版式來的容易掌握的。

我們可以將網版印刷與RFID標籤天線生產的關連性，彙整如下：

1. 網版印刷的品質相對於其他版式而言，確實是比較遜色的。
2. 只需要印刷一次即可，因為網版印刷之墨膜厚度是最厚的。
3. 製版的過程也較冗長且較不易控制，而印刷時也較不好控制其品質的穩定性。
4. 進入障礙與門檻算是最低的，因為設備的投資費用最低，也最容易學習上手。

5. 產能會因為印刷速度之故而較受到限制，產能效率上也會相對的較差。
6. 若是需要多次疊印的話，網版印刷在套印線條或是網點上，其精準度會相對的較其他版式差一些。

（三）彈性凸版印刷

以彈性凸版印刷而言，主要的癥結還是在於印刷導電油墨，彈性凸版的優勢，除了可以結合標籤印刷與包裝印刷之外，加拿大公司的X-Ink宣稱已開發了彈性凸版之導電油墨，不但可以有效的降低印刷套印次數到一次而已（亦即不需要套印），而且還可以立刻乾燥，也仍然可以達到RFID標籤所需求之所有的效能。彈性凸版印刷之墨膜厚度也比平版厚些，但仍然也不算是厚，若是薄到只需要印刷一次的話，那就更不可限量了，而且彈性凸版的應用產品相對而言不算少，尤其在包裝印刷上面的成績也最為令人所讚賞，此外還可以在加裝一些後端的加工設備，也有機會可以一次的就將最終產品產出，若是真是如此的話，其應用在印刷相關生產與應用層面，可以更加的寬廣。

我們可以將彈性版印刷與RFID標籤天線生產的關連性，彙整如下：

1. 印刷的品質已有顯著的改善，可以進行多次印刷，但因為導電油墨的不同，可印刷一次即可達到讀寫資料的目的。
2. 進入障礙所需之設備費用，若選擇較為陽春之機種，其價格是在還可以忍受的範圍內。

3. 如果有設備廠商可配合生產方式的設計，是有機會可以在生產線上直接加工，黏貼IC晶片而成為立即可以使用的RFID標籤。
4. 有網點的印刷品，其品質是可以接受的。

（四）凹版印刷

這種印刷方式可能是成本最高的方式，尤其是製版的成本是印刷四式中最高的，其測試成本與進入障礙亦如是，但其印製的RFID標籤的穩定度也應是最高的，而其墨膜厚度應是可以在製版時加以控制在某一種程度之範圍內的，而其生產的產量是相當高的，事實上是非常適合以此方式來生產RFID標籤的，而國內也已經有廠商在生產中，但其技術似乎掌握在國外廠商手中。

我們可以將凹版印刷與RFID標籤天線生產的關連性，彙整如下：

1. 為最可以大量印刷的方式（與平版相當），生產量能算是很可觀。
2. 進入門款最高，因為其印刷機設備的費用是最高的，而且製版費用也算是四種版式中最高的。
3. 台灣的廠家較不普及，因此配合的廠商會較不易找尋。
4. 可以進行多次印刷，且每一層印刷墨膜都比平版印刷要高些，應用的範圍應該可以更廣泛些。
5. 印刷的品質最佳，可以印刷相當細緻的線條與網點。
6. 天線設計的複雜度可以更高，而且仍然保有細緻化的表現。

十、印刷在RFID所扮演的角色與機會

既然大家都知道RFID的前景可期，但國內廠商在面臨鄰近國家的資源威脅，以及我國RFID產業之市場規模，尚不足以支撐起足夠競爭力的情況下，挑戰是相對大很多的，所以在可預見的未來，不管是研發單位或是業界在RFID的佈局上，都必須抱著如臨深淵與如履薄冰的心情（徐鳳美，民95年）。所以我們必須對RFID產業更要有一定程度的了解，ARC Advisory Group在2004年年底，研究二十四家積極投入與投資RFID公司的報告中明白的指出，他們這些生產製造廠商與批發商，在銷售給大型零售商時，其投資報酬率遠低於零售消費業者，這報告中告訴我們RFID的應用是有其瓶頸的，RFID的科技還有些不成熟與RFID標籤本身的不穩定性所造成（「RFID Deployment Best Practices」, 2004），這雖然是兩年多前的報告，卻頗值得身為前端生產製造RFID產業的我們好好玩味的。

當然我國政府在此RFID的發展也有不遑多讓的參與，行政院2005年產業科技發展策略會議在八月份的會議，就是以RFID的發展策略位為主要議題，顯示政府也在積極的從事此項發展制定策略，望能將台灣打造成RFID的生產重鎮（Lustig, 2005; 何英煒，2005）。而國內的工研院是國內研究RFID的重要單位，已於2005年年底直接升格成為獨立的無線識別科技中心，更可以見到政府相關單位對RFID未來的重視，RFID整體的軟硬體當中，我們應該是

要著重再哪一個部份呢？是整合性的軟體、IC晶圓的生產、讀碼器的生產或是天線的設計與生產？卻是需要政府有關單位的大力投入與指導的。

但是工研院無線辨識中心主任徐明也進一步的指出，由於國內企業認為投入效益不易分析，因此導入比例並不高；而已經導入的業者，由於缺乏自主核心技術及產品，不僅導入成本居高不下，在導入之後，也由於核心技術掌控在國外廠商手中，因此系統維護不易，穩定度不足，使得發揮效益受到限制。至於在商機利潤頗高的系統整合方面，由於大型RFID系統的規劃牽涉到極為複雜的跨領域知識，但是國內過去在大型系統方面皆仰賴國外大廠協助，因此跨領域系統整合的人才也是十分的缺乏（徐鳳美，民95年）。

雖然如此，但我們可以預見的是，RFID的應用的項目、領域與層次，只會越來越多，身為一般百姓的我們，只要是在不會侵犯我們的隱私權下，都應該會是樂觀其成的，只是廠商要考慮其效益的多寡而定。RFID絕對是個跨領域與跨學門的一個綜合性應用體，除了軟硬體的整合之外，這中間不同專業的謀合與介面的整合是需要相當多時間的，如果能與其他的科技相串聯，彼此相互支援幫忙與彌補彼此的缺點，創建出新的產品，以全新的應用形態出現在市場中，產生互補型的產品進入市場，獲取認同將有助RFID之後的發展。

現在每一個RFID標籤的單價可從20-25美分到100美元都有，甚至來有便宜到7美分（但是下的訂單量必須非常的大），根據美國ABI Research, Inc.研究預估，RFID的年成長率為36.5%，但到了

2008年將有三十至四十億美金的市場，在2010年時，各項的應用範圍越來越廣，市場規模將更為龐大，成長則更為快速，到2013年將有兩百一十億美元的規模（何英煒，2005）。一般認為RFID標籤在短期內的單價要降低到5分美金，是個不可能的任務，誠如筆者在2005年底所購買的RFID標籤，因為購買的數量很少（只有五十枚），因此其單價高達數十元台幣，的確是高的驚人，但若是有良好的生產製程與成本控制，又有超級大訂單的狀況下，此預期目標的可能性是勿庸置疑的，但應該不是現在而是在未來的一兩年，尤其是在2008年的北京奧運與2010年上海博覽會。

另外在科技專業越來越分工的情形之下，且在Wal-Mart強力的推展之下，RFID已經成為現在的當紅炸子雞，各產業都喜歡能與RFID掛勾上，看看是否可以分一杯羹。也因為Wal-Mart的關係，使得很多科技業者來好好的思考，RFID所可能帶來的未來是什麼？而RFID是一種跨領域科技專業的整合，完完全全無法僅由單一的產、官、學、研的單位而獨立完成的，必須與其他相關單位共同組成異業聯盟或結盟來共同發展，畢竟RFID的商機實在是非常令人期待的，而其重點是無人能真正知曉其可以應用的範圍到底有多大，一旦找到可以應用的商品或是服務，並加以低價格的量產，其市場的可觀程度恐怕不易估計。

雖然RFID是很有商機，而且RFID與我們的生活已經是息息相關了，目前的RFID標籤可以放入大到貨櫃或小到包裝盒之內，我們希望最終的目標，是可以將所有的RFID標籤附加在每一個商品項目中，但是其顯而易見的難度，就是要將RFID標籤縮小，並仍保留其功能且以低廉的價格量產之。因此這對印刷業界才有印刷第二春的樂觀看法，但若有過度的投入，反而適得其反而未能充分的應用於市場上，或是未能找到真正適合的應用方式與產品上，這就是因為這中間隱藏著許多的不確定因素與跨領域專業學科，才顯得出其有趣的地方，也才越加了解到對不同專業領域的尊重，因為隔行真的是如隔山呀。

我們在這RFID的熱潮當中，可能會有所迷思，為何如此熱烘烘的科技潮流，會與所謂傳統產業的印刷界有上什麼樣的關係，何以印刷可能有揮灑的機會與空間，簡單的說印刷所扮演的角色仍然不脫所謂代工的角色，仍是客戶委託生產的角色，為什麼印刷可以有其重要的戲份呢？原因不外是因為印刷是目前可以想像得到的以大量生產的方式來降低或壓低RFID標籤的成本，以相對於其他生產方式較低的生產單位成本，而印刷所能生產的RFID標籤主要是應用在「零售物流業」上，而其他高成本應用與服務的RFID標籤，並不見得適合印刷的RFID標籤，因為印刷四式的RFID標籤是以不回收的拋棄式標籤為主，因此這才是印刷業界真正可以或是較適合的戰場。

在海德堡主辦的印刷人協會所舉辦的研討會上，大同大學通訊研究所的黃啟芳教授曾提到印刷業界可能的經營方式，是由印刷業界主動提昇印刷的技術與生產作業流程，直接應用於生產RFID標籤，天線的設計與晶片的設計可以尋求其他合作夥伴合作，剩下的生產與可能的封裝作業，都可由印刷相關產業來完成，天線是可以朝方便晶片的貼合的方向來設計，在整體RFID標籤的成本上有

70%，是有機會由印刷界直接來獨立完成，只要找到可以應用的方向（無論是商品或是服務），便可透過印刷方式來進行量產，以極低的RFID標籤之單價衝向市場，實在有可能成為一股力量而跳脫印刷業界的傳統宿命，僅淪落為代工的角色。

說真的，在我們印製RFID標籤的研究當中，其中在技術上的問題應該是相當容易可以克服的，也就是說技術性上的門檻是不算太高的，而且其研究與測試的成本上也應該不算高，從RFID標籤可以利用印刷上的量產方式，的確對我們是一種好消息，印刷界的前輩與主事者，事實上可以優先測試門檻較低且較容易的印刷方式來進行研究，一旦累積了一定的知識與技巧等，再進一步的測試其他的印刷方式，但是千萬不要過度的反應，因為要真正的進行可靠的量產、高良率的與低單價的RFID標籤，這條路還有一小段距離，若是我們能和印刷原料（油墨製造商）與印刷載體（紙張與特殊材質之被印物），充分的合作並進行一連串不間斷的測試，尋找出一種或一些相對可行的方式來進行生產，甚至生產與發展單一的RFID標籤，直接找出應用的領域，例如用於所有出版的書籍中，出版商與圖書相關單位，也許會因為方便性的提升與成本增加有限的情形之下，創造更多的發展空間。

我們印刷業界在RFID的角色，可以分為我們對自己如何看待自己的角色是什麼，以及別人又是如何看待我們的。我們基本上擁有印刷的專業知識與軟硬體設備等，自己看自己的廣度可能不夠，以侷限的角度來看這一整合性的產品或是應用商品，但我們又似乎了解到在以成本的考量上，印刷的方式來印製RFID標籤之天線為最適當的方法，若因此而膨脹自己，則下場可期。另外印刷業界只是代工的角色，印刷的被印材料－紙張或是塑膠材質等，其實都不是印刷本業的專長領域，印刷油墨也不是我們的領域，我們掌握的只是其中的製程部分而已。印刷在RFID的價值在哪裡，我們印刷界仍然是代工業的腳色是宿命也好，我們印刷業會認命也罷，若是只在這其中掙扎而不去構思印刷在RFID中的附加價值為何，我們印刷業界遲早還是會被邊緣化，會因為彼此惡性殺價的競爭給弄死的。就算是代工的宿命，但也應該可以走出自己的一片天空，作為一個專業的代工廠，看看台積電，這一家公司的營業額，就已經比整個印刷業界的營業額來得大了，但世界上卻沒有人可以忽略台積電的存在，因為它是全世界第一大的晶圓代工廠，我們也可以以之為模範才是。

印刷業界印製RFID標籤，絕對不應該只是印標籤而已，是要延伸出去，包括將IC晶片封裝放置在整個包裝印刷的製作流程當中，必須加以印製在應用的產品上以便增加其附加價值，印刷的價值才可以因角色多重的扮演而提高，否則其意義不大，永遠處在被動的角色而隨波逐流的失去自我，而真正的被邊緣化而消失掉。例如將電池與RFID標籤一起印製，其附加價值將會不低，但可惜的是這種印刷的Know How與技術，並非掌握在印刷業界的手上，我們必須要由國外引進此項技術，或許可以整廠輸入的方式來做所謂的技術轉移，或許是交付簽約金採買技術來進行生產，我們除了購買技術之外，也得採買一些物料原料等，一些印刷技術以及導電油墨等，也就是說生產最為關鍵性的技術等，還是掌握在別人的手上，我們仍然逃不脫與跳不開印刷業是代工的產業，僅是替人作價的中間角色，好似永遠只能擔任配角的角色，而非佔有主要地位的角色。

我們印刷業界的角色，應該是要拼的不是價格（Price），而是要爭取價值（Value），要在整體價值鏈當中搶得一席之地，而非淪落到只顧慮到價格的高低而已。RFID對我們印刷業界的確會是一個機會，但卻充滿了期待又怕受傷害的機會，機會是把握在什麼樣的廠商手上，想想自己再看看別人，輸贏原本就在一念之間的。

3 研究方法與設計

我們是以量化研究（Quantitative Research）中的真實驗（True Experiment Research）研究方法來進行此項研究，以印刷四種方式中的平版印刷與網版印刷兩種印刷方式為基礎，主要是選擇以國內最大宗的平版印刷方式以及實驗研究進入障礙較低的網版印刷方式為原則而進行，並以現有在市場上已經販售的RFID標籤（Alien Technology之RFID標籤）為實驗研究的標的，另外還商請大同大學通訊所正教授黃啟芳博士所帶領的研究團隊，另行設計一個新的RFID標籤天線（SHIH HSIN UNIVRESITY之RFID標籤），在兩種印刷方式印刷完畢之後，量測一些印刷與通訊相關方面的數據資訊，與加上IC晶片手工封裝植晶之加工，之後再進行一連串與一系列測試與量測的工作。

一、研究問題

我們針對RFID標籤天線議題的實驗研究，可區分為平版印刷與網版印刷等方式分別來進行，也因為彼此之間的實驗研究問題有些許的不同，主要是因為印刷方式的不同、印刷所使用的相關材料的不同與印刷方式本身特性的不同所設計之，並分別的敘述如下：

（一）平版印刷之研究問題：

1. 不同的紙張（銅版紙與雪銅紙）對印製RFID的效能之是否有影響？
2. 增加印刷疊印層數（次數）對RFID效能上之影響為何？

（二）網版印刷之研究問題：

1. 使用網版印刷一次的RFID標籤，其效能為何？
2. 以高溫乾燥的方式，對印製RFID標籤效能之影響為何？
3. 不同的乾燥方式，對印製RFID的效能之影響為何？

二、　實驗變項

根據先前所提出的研究問題與研究假設，在我們所印製的RFID標籤天線之實驗研究，區分為平版印刷與網版印刷方式分別來進行，因此在實驗的重點上會有些許的不同，在研究的變項也會有不同著重的地方，因此分別的加以敘述如下：

（一）平版印刷之實驗變項

平版印刷之實驗變項可分為自變項與依變項，敘述如下：

1. 研究自變項（Independent Variable）

(1)紙張的變項：150磅重之特銅紙張與雪銅紙張。

(2)印刷疊印層數之變項：疊印一層、疊印二層、疊印三層、疊印四層與疊印五層。

2. 研究依變項（Dependent Variable）

(1)RFID標籤天線之印刷滿版濃度值。

(2)RFID標籤天線之導電電阻值。

(3)RFID標籤讀寫距離之效能。

（二）網版印刷之實驗變項

網版印刷之實驗變項可分為自變項與依變項，敘述如下：

1. 研究自變項（Independent Variable）

(1)紙張的變項：150磅重之特銅紙張與雪銅紙張（印製Alien Technology之RFID標籤）以及150磅重之雙銅紙張（印製SHIH HSIN UNIVERSITY之RFID標籤）。

(2)不同乾燥方式變項：我們對印製好的RFID標籤天線使用了三種乾燥方式，A乾燥方式為自然乾燥之方式；B乾燥方式為印製完畢後立即進入烤箱加高溫（攝氏80度）一小時，再靜待其自然乾燥之方式；C乾燥方式為自然乾燥之後才送入烤箱加高溫（攝氏80度）一小時，再靜待其自然乾燥之方式。

2. 研究依變項（Dependent Variable）

(1)RFID標籤天線之印刷滿版濃度值。

(2)RFID標籤天線之導電電阻值。

(3)RFID標籤讀寫距離之效能。

三、研究實驗之設備、材料與儀器

事實上這個實驗研究所需要的實驗設備、器材儀器與材料等，因為牽涉到平版印刷與網版印刷等兩種印刷方式，所以是相當的繁雜又多樣的，而中間又有些許重疊使用的儀器設備，尤其是後半端的量測部分，都會使用到相同的測量儀器與設備，但我們依然以兩種印刷方式來個別敘述之：

（一）平版印刷研究實驗之設備、材料與儀器

1. 平版印刷機：海德堡五色印刷機（Heidelberg Speed Master SM-102-5），用於印製一層至五層印墨於特銅紙張與雪銅紙張上之RFID標籤天線。
2. 電腦直接出版機（CTP: Computer-to-Plate）：Heidelberg TopSetter CTP，用於輸出RFID標籤天線之設計圖案。
3. CTP 印版：海德堡代理之熱感版（SuperDot CTP HT830 Thermal Plate）。
4. 掃描機：Creo iQsmart 3高階平台掃描機，用於掃描RFID標籤天線（請見圖3-3-1）。
5. 分光密度儀：X-Rite 528分光密度儀，用於RFID標籤天線印刷滿版濃度值之測量工作（請見圖3-3-2）。
6. 三用電錶：YFE F100數位電表與DMM-93B數位電表，用來測量RFID標籤印刷天線的電阻值。

7. RFID讀碼器：AWID PI-2000 Reader，用來測試黏貼IC晶片於RFID標籤之樣本，能否正常的讀寫資訊與寫入資訊，並測試RFID標籤的讀寫距離（請見圖3-3-3）。
8. 黏貼晶片部分之防靜電器材：靜電手環、塑膠鑷子與3M神奇隱形膠紙等，用於將Strap晶片黏貼於RFID標籤上。
9. RFID標籤與RFID晶片：Alien Technology ALL-9338 EPC Class 1之標籤，此標籤與晶片之工作頻率為UHF-915MHz。
10. 被印材料：為永豐餘150磅雪銅紙張與永豐餘150磅特銅紙張。
11. 印刷導電油墨：Flint Ink公司之Precisia之CLO-101A Lithographic Conductive Ink，此為平版印刷專用且適用在印刷於紙張上之導電油墨。

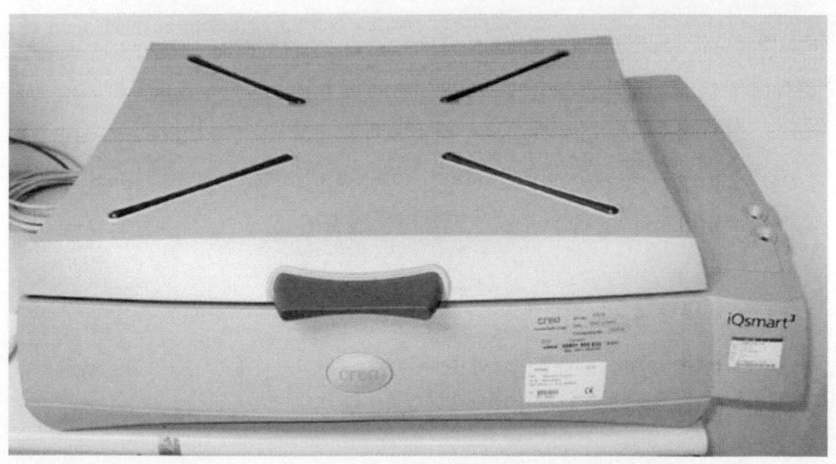

圖3-3-1　Creo iQsmart 3高階平台掃描機

圖3-3-2　X-Rite 528分光密度儀

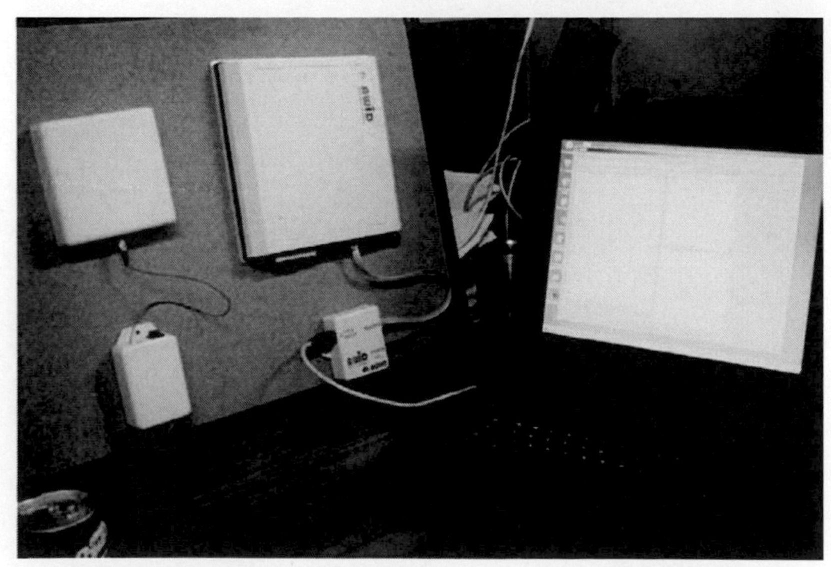

圖3-3-3　AWID PI-2000讀碼器（Reader）與控制電腦系統

（二）網版印刷研究實驗之設備、材料與儀器

1. 網版印刷機：筌台半自動網版印刷機（請見圖3-3-4），用於印製網版專用導電油墨於特銅紙張、雪銅紙張與雙銅紙張上之RFID標籤天線。
2. 網片輸出機（CTF: Computer-to-Film）：AGFA SelectSet 7000之CTF，用於輸出RFID標籤天線之設計圖案。
3. 掃描機：Creo iQsmart 3高階平台掃描機，用於掃描RFID標籤天線。
4. 烤箱：聲寶牌（SAMPO）KZ-PC18烤箱，用於RFID標籤之高溫乾燥。
5. 外接式溫度計：WISEWIND外接式溫度計，可耐高溫至250℃，用於量測、控制與監測烤箱之溫度。
6. 分光密度儀：X-Rite 528分光密度儀，用於RFID標籤天線印刷滿版濃度值之測量工作。
7. 三用電錶：YFE F100數位電表與DMM-93B數位電表，用來測量RFID標籤印刷天線的電阻值。
8. RFID讀碼器：AWID PI-2000 Reader，用來測試黏貼IC晶片於RFID標籤之樣本，能否正常的讀寫資訊與寫入資訊，並測試RFID標籤的讀寫距離。
9. 黏貼晶片部分之防靜電器材：靜電手環、塑膠鑷子與3M神奇隱形膠紙等，用於將Strap晶片黏貼於RFID標籤上。
10. RFID標籤與RFID晶片：Alien Technology ALL-9338 EPC

Class 1之標籤，此標籤與晶片之工作頻率為UHF-915MHz。

11. 被印材料：為永豐餘150磅雪銅紙張與特銅紙張（用於印製Alien Technology之RFID標籤），以及永豐餘150磅雙銅紙張（用於印製SHIH HSIN UNIVERSITY之RFID標籤）。

12. 印刷導電油墨：Flint Ink公司之Precisia之CSS-010A Silver Conductive Ink，此為網版印刷專用之導電油墨，被印材料可以是紙張與塑膠材料。

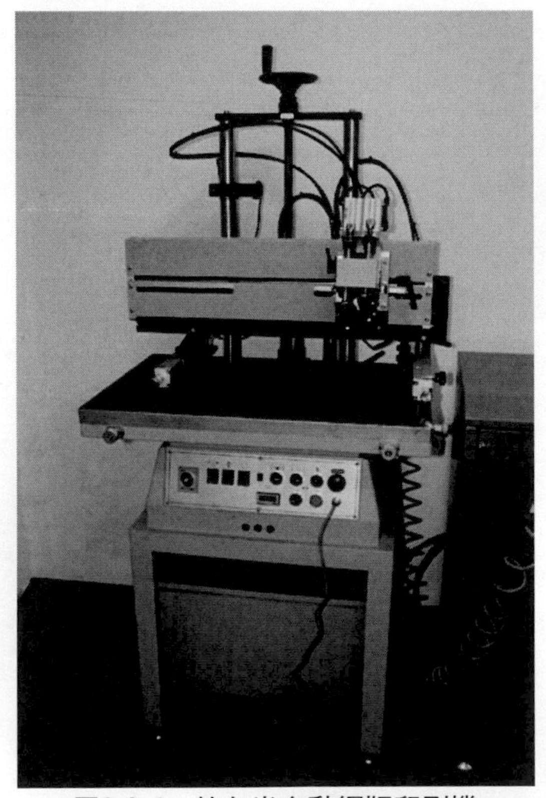

圖3-3-4　笙台半自動網版印刷機

四、實驗研究的過程與設計

因為我們從事平版印刷與網版印刷兩種印刷方式的研究，當然我們也分別針對兩種印刷方式來設計實驗的研究，事實上我們先是進行平版印刷的實驗研究，研究的結果也被引用來改進網版印刷方式的實驗研究，另外在每一種印刷版式的實驗研究，也都至少做了兩次的實驗研究，第一次為前測實驗（Pilot Test），第二次則為正式的實驗。

（一）平版印刷實驗過程與設計

為了使實驗進行的更為順暢，事實上我們必須進行前測實驗，由前測所得知的結果，先進行分析探討，之後再來做為修正後續正式實驗的依據，以便能在實驗當中可以更為適當的控制與更能掌握實驗的變數或變項等，我們簡單的敘述其實驗過程如下：

1.RFID標籤天線的取得：

我們取用市場上RFID標籤的先驅Alien Technology所設計生產的ALL-9338-02 RFID標籤的天線設計之圖案為實驗的標的，此RFID標籤為Gen I的標籤設計，國內為恆隆科技公司所代理，因此RFID標籤的取得相當的容易。此Alien Technology之RFID標籤為超高頻（Ultra High Frequency-UHF）915Mhz之天線設計，將此標籤以高階平台掃瞄機掃描完畢，接著以PhotoShop影像處理軟體進行修整，並以此標籤天線設計之圖案，作為之後實驗研究之複製線條稿之圖樣（請參考如圖3-4-1，此圖為原寸）。

圖3-4-1　Alien Technology ALL-9338-02 RFID標籤天線圖案

2.導電油墨的取得：

此平版導電油墨為Flint Ink公司所生產販售的專用平版導電油墨，不但價格昂貴到不可思議而且還不容易取得，當初連採購時都還透過國內上市公司，在共同合作研究的前提之下，在千呼萬喚之中才從國外取得，而且在時間上也是有些拖延，本以為學術界的中立與客觀的立場是最為恰當的，殊不知不但沒有方便反而未得到迅速與正面的回應，這可能是當時此種油墨剛剛開發出來不久，還具有相當的神秘感與機密相關因素的關係，而且當時國內也還沒有代理商的原因吧！

3.印版之版面設計：

因為天線線條稿之圖案本身的線條寬度並不夠粗，為了研究量測的方便，我們在Alien Technology之RFID標籤的側邊，加上一個5公厘（5mm）見方的小方塊，以便我們之後在使用濃度計量測印刷滿版濃度值時，較為容易的取得量測值（請參考如圖3-4-2，此圖為原寸）。另外因為平版印刷勢必以多次印刷疊印的方式，來進行疊印標籤天線部份（印紋部份），以便增加天線的印膜厚度，所以在電子檔案的設計時，此方塊必須一直的伴隨著標籤之天線，故五塊印版的版面就會有所不同，以配合著印刷疊印第一層一直到疊印第五層之RFID標籤天線，圖3-4-3則為第一疊印色之印版。

圖3-4-2　Alien Technology之RFID標籤之天線與濃度量測之方塊

另外在版面的排列設計上，選擇了集中於可印刷範圍的中間部份而已，如此不但可以較容易控制水墨的平衡與印刷品質的掌控，另一主要目的是可以稍微的減少導電油墨的消耗與浪費，達到完成印刷的目的與節省印刷導電油墨原料的支出。

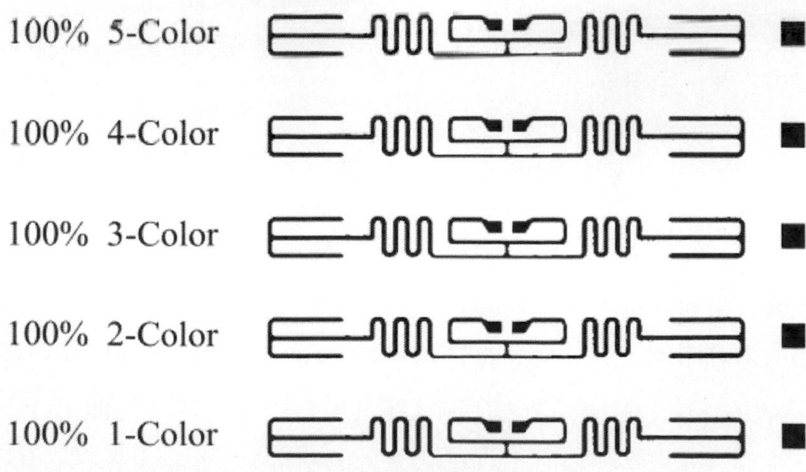

圖3-4-3　RFID標籤天線排列之印刷色版（此為第一疊印層之印版）

4.印版的輸出與上平版印刷機印刷

將此電子檔案輸出到電腦直接出版機上，總共有一套五塊印刷疊印色版，分別編號為第一疊印層印版、第二疊印層印版、第三疊印層印版、第四疊印層印版與第五疊印層印版，在第一疊印層印版會出現五個RFID標籤天線圖案與印刷滿版濃度量測的方塊，第五疊印層印版只會出現一個RFID標籤天線圖案與印刷滿版濃度量測的方塊。之後將印版放置到對應的印刷色序之五色平版印刷機上，並將先前已經準備好之永豐餘150磅之特銅紙張與雪銅紙張，上印刷機之飛達（餵紙單元）準備之。而此平版印刷機所使用的油墨是選用Flint Ink公司所生產的Litho Conductive Ink, Precisia-CLO 010A Silver Conductive Ink，因為此油墨擁有較低的VOC，所以不需要特別的乾燥的方式，只需要在常溫的狀況之下即可進行乾燥。另外在印刷時必須要等待水墨的平衡，在印刷的樣張可以說是進入穩定的品質之後，才可進行下一階段抽樣的工作。

5.印刷樣張的抽樣

印刷出來的印刷樣張，每一張之紙張上面皆有五個RFID標籤天線，其間有疊印一層、疊印二層、疊印三層、疊印四層與疊印五層的RFID標籤天線，我們把印製好的各100張特銅紙張與雪銅紙張之RFID標籤，選取其奇數印刷樣張的RFID標籤，因此選取了特銅紙張與雪銅紙張各50張的RFID標籤之印刷樣張，總共抽出了有100張印刷樣張。

6.RFID標籤天線印刷滿版濃度值之量測

待印刷完畢並讓所有的RFID標籤天線都完全乾燥之後，先行裁切成每一個單一之RFID標籤，再進行後續一連串的量測與測試，並且根據所有量測與測試之結果來加以討論與分析其結果。因此每一種紙張之印刷疊印層之RFID標籤共有50個，印上一層油墨的RFID標籤有50個，印上兩層、三層、四層與五層油墨的RFID標籤各有50個。換個角度來說就是每一張被印紙張上，就有印製疊印一層到疊印五層的5個RFID標籤，再以X-Rite 528之分光密度儀來量測RFID標籤天線側邊的5厘米見方之小方塊，並且紀錄從疊印一層到疊印五層之印刷滿版濃度值，故特銅紙張與雪銅紙張各共量測了五組250個RFID標籤，總共量測500個RFID標籤。

7.RFID標籤天線導電電阻值之量測

在印刷滿版濃度值量測完畢之後，接著我們以三用電錶來量測天線在黏貼IC晶片的兩個接點，如圖3-4-4（此圖為原寸）中的兩個小白圈圈，就是我們量測電阻值大小的兩個接點，而兩個接點的最短之距離約為5.9公分之長，當然我們知道量測天線的距離越長，其電阻值也就越大，所以RFID標籤效能之讀寫距離也應該就越不理想。因此我們從特銅紙張與雪銅紙張中的各250個RFID標籤天線進行量測，所以總共量測了500個RFID標籤天線之導電電阻值並紀錄之，以便之後的分析與探討。

圖3-4-4　Alien Technology量測RFID標籤天線導電電阻值的兩個接點

8.黏貼IC晶片於RFID標籤上並測試寫入與讀寫IC晶片內之資料

IC晶片的黏貼必須謹慎，我們由廠商所獲取的晶片中可以看出來，有些晶片是已經作上了記號而明確的得知這些晶片已經不能被使用了，因為可能在生產與貼附蝴蝶翅膀（Strap）的過程中，不慎發生了問題所導致此不能使用之結果，另外IC晶片本身對靜電具有極高的敏感度，又因人體本身為導體且常帶有靜電，一旦IC晶片與人體有了第三類接觸，則此IC晶片將可能不可使用而直接報廢。在黏貼Strap晶片之前，所有可以使用的Strap晶片都必須經過測試，包含寫入資料於晶片之內，而且還必須要將晶片之內的資料讀寫出來。我們將此Strap晶片黏貼到3M隱形膠帶，再將此帶有IC晶片的膠帶黏貼在RFID標籤的接點，在精準的黏貼完畢之後，即可先行測試RFID標籤是否可以寫入與讀取資料，然後才進行測量RFID標籤並紀錄最遠可讀寫距離之效能。

9.RFID標籤之讀寫距離的效能量測

我們必須先輸入資料進入此IC晶片之中，之後才將讀碼器與其對應之電腦系統一併攜入大同大學之電波無反射實驗室（請參考圖3-4-5），再進行讀寫距離的量測與記錄。距離的量測必須由遠而近，因為沒有環境因素的干擾，因此讀寫距離應該是處於最為理想的狀態，但在量測時也必須謹慎，因為電波無反射實驗室的上下、左右與前後等六面皆佈滿了會吸收電波的金字塔型之柱狀物體，是絕對不可碰撞到的，以免影響其功能的展現，而且其費用是相當昂貴的，但因為時間與經費的考量，我們只有量測特銅紙張與雪銅紙張各30個RFID標籤。

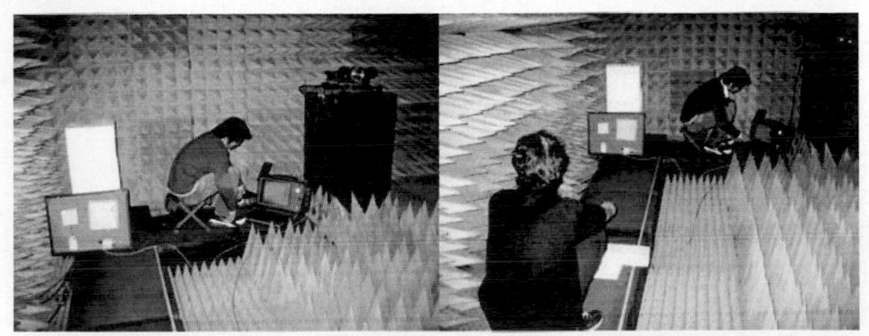

圖3-4-5　大同大學之電波無反射實驗室

（二）網版印刷實驗過程與設計

為了能使網版印刷實驗進行的更為順暢，我們也進行了網版印刷之前測實驗，並由先前平版印刷所得知的成果與前測所得知的結果，可做為修正後續的正式實驗的參考，以便能更確實的控制與掌握實驗的變數或變項等。我們在網版印刷的實驗是分為兩種不同RFID標籤天線，分別的來進行研究，其簡單的過程則敘述如下：

1.RFID標籤天線的取得

首先還是選擇先前平版印刷所使用的RFID標籤，Alein Technology所設計生產的ALL-9338-02 RFID標籤的天線設計之圖案為本，將此標籤以高階平台掃瞄機掃描完畢，接著以PhotoShop影像處理軟體進行修整，以此標籤天線設計圖案作為之後實驗研究之複製圖樣，此RFID標籤與平版印刷所印製的RFID標籤一模一樣，因此其天線的圖樣請直接參考圖3-4-1。另一個天線之設計則委由大同大學通訊所正教授黃啟芳博士所領軍的團隊，針對UHF（915Mhz）所設計出來的天線，並以世新大學之英文名字（SHIH HSIN UNIVERSITY）為藍本而設計之天線，如圖3-4-6（此圖為原寸）所示，而此天線之共振頻率則請參考圖3-4-7。

SHIN HSIN UNIVERSITY

圖3-4-6　SHIH HSIN UNIVERSITY之915Mhz之RFID標籤天線圖案

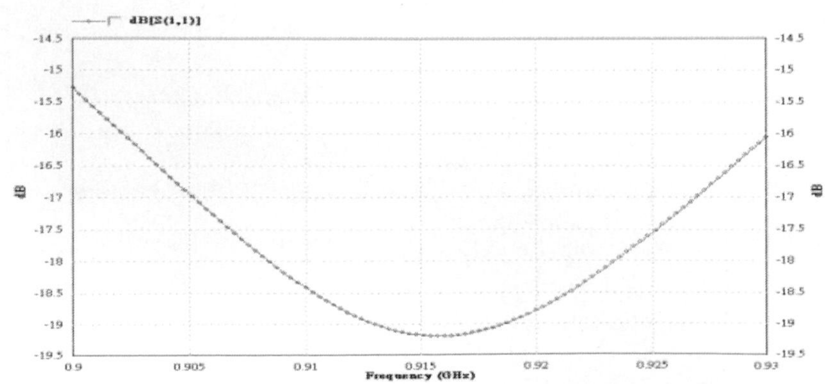

圖3-4-7　SHIH HSIN UNIVERSITY之RFID標籤天線共振頻率圖

2.導電油墨的取得

網版印刷之導電油墨也仍然是採用Flint Ink公司所生產販售的專用油墨，在導電油墨的取得上，是一併與平版導電油墨同時取得，雖然其價格是比平版導電油墨來的便宜不少，但還是比一般的油墨是要貴上數倍之多。

3.印版之版面設計

因為兩種天線之圖案本身的線條寬度都不夠粗，為了研究量測的方便，我們也同樣的在Alien Technology之RFID標籤與SHIH HSIN UNIVERSITY之RFID標籤的側邊，加上一個5公厘見方的小方塊，以便我們使用分光密度儀在印刷滿版濃度值上的量測，較為容易的取得量測值，Alien Technology之RFID標籤則請參考如圖3-4-2，SHIH HSIN UNIVERSITY之RFID標籤請參考圖3-4-8。因為網版印刷印紋之印墨厚度是印刷四種方式中厚度最大的，所以在版面設計與製版時是要比平版印刷來的簡單又方便許多。

SHIN HSIN UNIVERSITY ■

圖3-4-8　世新大學之RFID標籤天線與印刷滿版濃度量測之方塊

4.底片的輸出與網版之製版

將此電子檔案輸出到網片輸出機上，總共也只有兩組印刷網片，第一組有五個Alien Technology之RFID標籤天線之圖案，第二組也有五個世新大學之RFID標籤天線圖案。有了底片之後，接著以晒版機來進行曝光以及後續製版的工作。

5.印刷參數的設定

除了研究之變項之外，在實際印刷所控制的網版印刷參數有以下之設定：

(1)網目數：150目之特多龍網線。

(2)曝光時間：75秒。

(3)網線角度：90度。

(4)刮刀硬度：70度。

(5)刮刀速度：800車/小時。

(6)刮刀角度：70度。

(7)版距高度：6mm。

(8)慢乾溶劑百分比：4%。

6.上網版印刷機印刷

使用半自動網版印刷機並採用網版導電油墨來進行印製RFID標籤天線的工作，導電油墨則仍然使用Flint Ink公司所生產之油墨，此網版導電油墨為Precisia-CSS-010A Silver Conductive Ink。我們進行了兩組RFID標籤的實驗，第一組以Alien Technology之RFID標籤為主，並以A4的紙張大小進行印製在150磅之特銅紙張與雪銅紙張上。第二組則用世新大學之RFID標籤，我們只選用一種紙張，也是以A4的紙張大小進行印製在150磅的雙銅紙張上，但因為乾燥方式的不同，所以我們印刷了較多的數量。

7.印刷樣張的抽樣

在第一組的Alien Technology之RFID標籤，每一張紙上皆有5個標籤，我們將印製好的各20張特銅紙張與雪銅紙張，抽取其奇數張的10張紙，因此每一種紙張選取了50個RFID標籤，因此兩種紙張共選取了100個RFID標籤可作後續的量測研究。第二組則用世新大學之RFID標籤，區隔為三種不同乾燥方式，故一共印製了60張A4紙張大小之可使用的印刷樣張，也同樣的採用抽取其奇數張的方式，共選取了30張印刷樣張（每一種乾燥方式各10張），因此每一種乾燥方式之下選擇了50個RFID標籤，一共有150個RFID標籤需要做之後的研究量測。

8.SHIH HSIN UNIVERSITY之RFID標籤天線不同乾燥方式

我們只針對世新大學的天線設計中的雙銅紙張，做不同乾燥方式的實驗研究，每一類乾燥方式皆有50個RFID標籤，共有三種不同乾燥方式的實驗，第一類以印製完畢後讓其自然乾燥為主；第二類則是在印製完畢後，立刻將RFID標籤放入攝氏80度高溫之烤箱，烘烤1小時的時間，在此情況也應該已經完全乾燥，之後還是要其自然的情況下回復到常溫；第三類則是將已經自然乾燥的另外50個RFID標籤，送入攝氏80度高溫的烤箱之內，仍然採取烘烤1小時的時間，之後再待其自然的回覆到常溫之狀態，再進行下一步的實驗。

9.RFID標籤天線印刷滿版濃度值之量測

印刷滿版濃度的量測必須分為兩種RFID標籤天線而分別進行之。世新大學的RFID標籤天線還得分三個不同的乾燥方式來進行印刷滿版濃度值的量測，最簡單的是第一組印刷完畢之後，靜待其自然完全乾燥之後，再直接以X-Rite 528分光密度儀作印刷滿版濃度的量測；第二組則是在印刷完畢之後，立刻放置到烤箱，並以攝氏80度之高溫進行一小時的烘乾，等待其恢復至常溫之後，再以X-Rite 528分光密度儀作印刷滿版濃度的量測；第三組則是以自然乾燥後的RFID標籤放置在烤箱內，且仍然以攝氏80度之高溫進行一小時的烘乾，之後等待其恢復至常溫之後，再以X-Rite 528分光密度儀進行印刷滿版濃度的量測，故共有150個RFID標籤天線需要量測印刷滿版濃度。

另外Alien Technology的RFID標籤天線則比較簡單，在印刷完畢之後只要靜待其自然乾燥，即可進行印刷滿版濃度的量測，因此只需要量測以特銅紙張與雪銅紙張的各50個RFID標籤天線即可，故共量測了100個RFID標籤天線的印刷滿版濃度。兩種RFID標籤總共有250個標籤天線被量測出印刷滿版濃度值，當然印刷滿版濃度的量測，還是以量測兩種RFID標籤天線側邊的5厘米見方之小方塊為原則，並且一筆一筆的加以紀錄之。

10.RFID標籤天線導電電阻值之量測

印刷滿版濃度值量測完畢之後，我們以三用電錶來量測世新大學RFID標籤天線在黏貼IC晶片的兩個接點，如圖3-4-9（此圖為放大之圖像）中位於左側邊的第一個英文字母「S」左下方之小圈圈，與左側邊的最後一個英文字母「N」右下方之小圈圈，兩個小白圈圈就是我們量測電阻值大小的兩個接點，當然我們知道量測天線的距離越長，其電阻值也就越大，所以RFID標籤效能之讀寫距離也就越不理想。而我們只是選擇了左半邊的一串字來量測導電的電阻值，因此只會有局部效果的呈現，而這並非是完整的導電的電阻，而僅是相對的參考值。而Alien Technology之RFID標籤天線，與先前平版印刷量測的方式一樣，因此我們也量測了特銅紙張與雪銅紙張中各有50個RFID標籤天線，總共量測了100個RFID標籤之天線並加以紀錄之，以便之後的分析與探討。

SHIN HSIN UNIVERSITY

圖3-4-9　世新大學之RFID標籤天線導電度的兩個接點

11.RFID標籤之讀寫距離的效能量測

如同先前印製Alien Technology之RFID標籤一般，我們必須先輸入資料進入此IC晶片之中，之後才將讀碼器與其對應之電腦系統一併攜入電波無反射實驗室，進行讀寫距離的測試與紀錄。而此項之過程也一樣的與先前所介紹的平版印製之RFID標籤一般，有著相同的實驗流程與程序，只是要量測兩種不同的RFID標籤而以，因此總共有250個RFID標籤經讀碼器被量測出其讀寫效能之距離。

五、信度分析

我們藉由信度分析（Reliability Analysis）的概念，來驗證在實驗時測量儀器在印製過程之後的量測數據，是否具有內部一致性的分析方法，而最為學界所推崇與最常使用的信度分析法為史丹福大學（Stanford University）的Cronbach教授，他在1951年所發展出依照公式來評量實驗或是測驗的內部一致性，作為信度的指標，稱為Cronbach Reliability Coefficients Alpha （M. D. Gall, Borg, & J. P. Gall, 1996; McMillan, 2000）。

我們的實驗主要是要針對平版印刷與網版印刷兩種方式來進行測試，而兩種印刷方式所印製的RFID標籤，皆採用相同的測量儀器設備來進行各項數值的量測，而主要是量測RFID標籤天線的印刷滿版濃度值，使用之量測儀器為分光密度儀；量測RFID標籤之導電電阻值，使用之量測儀器為三用電錶；與量測RFID標籤之讀寫距離，使用之量測儀器為讀碼器。

而在我們所做的平版印刷與網版印刷的實驗，事實上是有時間上的差異的，而且光是網版印刷本身，就已經有必要在時間上的量測有所時間上的區隔，所以是有必要檢測各主要項目實驗研究測量儀器之可靠性的。首先是量測RFID標籤天線之印刷滿版濃度的分光密度儀，其Cronbach Coefficients *Alpha*（α）= 0.6135；量測RFID標籤導電度的三用電錶之Cronbach Coefficients *Alpha*（α）= 0.8735；最後量測RFID標籤讀寫距離的讀碼器之Cronbach Coefficients *Alpha*(α)＝0.6533。

我們也都了解Cronbach Coefficients *Alpha*(α)之數值當然是越高越佳，不管是國內或是國外的學者，對Cronbach's *Alpha*(α)數值大小所代表的意義多有不同的看法，但基本上可以說Cronbach's *Alpha*(α)＞0.80者，是屬於非常好的信度表現，而當Cronbach's *Alpha*(α)＞0.70時，也還算是具有不錯或是滿意的信度，當Cronbach's *Alpha*（α）＞ 0.60者，則算是可以接受的信度（Cortina, 1993; McMillan & Schumacher, 1997; Nunnaly, 1978; "Reliability," 2001; "Reliability and item," 2001），當然若是Cronbach's *Alpha*(α)的數值屬於不理想或是太小的話，那則有必要重新檢視與調整，甚至必須要重做或是消除之了（Santos, 1999）。

由上述的數據所顯示，以RFID標籤導電電阻值之內部一致性最佳，Cronbach's *Alpha*(α)高達0.8735，RFID標籤的讀寫距離之Cronbach's *Alpha*(α)為0.6533，而RFID標籤天線之印刷滿版濃度之Cronbach's *Alpha*(α)則為0.6135，則表示讀碼器與分光密度儀的精準度還算是可以接受，但是卻不是表現最優的，三用電錶的表現則是最令人滿意。

4 研究結果與討論

我們根據所提出的研究目的、研究問題與研究假設等，分別的以平版印刷與網版印刷兩種不同印刷的方式，各自陳述其研究結果、研究假設的檢定與研究討論，並進一步的提供我們在研究當中所觀察之發現與心得。

一、研究結果

（一）平版印刷的實驗結果

我們根據先前平版印刷研究之設計，進行了兩次的實驗研究，我們將由前測與正式的實驗兩次的實驗結果，綜合來呈現我們的實驗結果。基本上我們都知道因為平版印刷的印刷油墨厚度是四種印刷方式中最薄的，所以必須利用平版多層疊印的方式來增加其油墨的厚度，以便來增加其導電的特性，在最多可以印刷疊印五層（五色平版印刷機印刷一回）導電油墨於150磅重的特銅紙張與雪銅紙張上，我們主要是要量測各種不同疊印層數中RFID標籤天線的印刷滿版濃度、導電電阻值，以及RFID標籤之讀寫距離，並以量測數據之結果來加以呈現之。

1.平版印刷RFID標籤印刷滿版濃度量測的結果

在以X-Rite 528分光密度儀量測特銅紙張與雪銅紙張印刷RFID標籤天線印刷滿版濃度的結果中，首先我們來談論特銅紙張，而其量測之印刷滿版濃度值則請參考表4-1-1。在疊印層數的不同的狀況之下，平均印刷滿版濃度確實是有其變化的，當然勿庸置疑的在疊印第一層（0.3412）時的油墨轉移率是最佳的，疊印第二層印墨（0.3739）上去之時，也約只有增加10%的平均印刷滿版濃度，在疊印三層時達到油墨的最高平均濃度值，之後則緩和的向下修正。但是以整體的平均濃度看之，彼此之間的差異在疊印三層（0.3753）、疊印四層（0.3680）與疊印五層（0.3628）當中，其平均印刷滿版濃度值的差異其實並不大。在疊印的最大印刷滿版濃度值與平均印刷滿版濃度值一樣，也是從疊印第一層到第三層漸漸的增加（從0.3545增加到0.3949），在疊印四層時則開始向下調整至0.3901，但在疊印五層時，卻還有些小幅度的增加到0.3915。而在疊印之最小印刷滿版濃度值方面，在疊印二層與疊印三層則僅有0.0001之差，而之後的疊印也隨著層數的增加而反向的降低，而在疊印五層時的濃度達到0.3495。在所有疊印五層當中，最高與最低的印刷滿版濃度差則以疊印五層中差異性為最大，也因此在疊印五層時的濃度標準差也是最高的（高達0.0108）。

而在特銅紙張之印刷滿版濃度值在不同疊印層數上之常態分配曲線圖則請參考附錄A。在疊印一層時，除了只有一個RFID標籤之印刷滿版濃度值為最小之外，有一點偏向左偏分配；在疊印二層時，除了只有兩個RFID標籤之印刷滿版濃度值為最小與最大之外，整體分配的情形還算正常，若是屏除了最大與最小印刷滿版濃度值，則RFID標籤的印刷滿版濃度值則更為集中；在疊印三層時，在較小的印刷滿版濃度值附近發生較多的量測個數之外，基本上整體有一點為右偏分配的情形：在疊印四層時，除了只有一個較接近最小印刷滿版濃度值有九個量測個數之外，整體分配的情形也還算有一些右偏分配的現象；在疊印五層時，大部分的RFID標籤之量測印刷滿版濃度值皆較偏向較低（小於等於0.3625），而且較大的印刷滿版濃度值發生的個數也相對的較為少些，算是比較典型的右偏分配。

表4-1-1　特銅紙張之印刷疊印層數與印刷滿版濃度量測值

特銅紙張	最小值	最大值	平均數	標準差
疊印一層	0.3197	0.3545	0.3412	0.0079
疊印二層	0.3624	0.3875	0.3739	0.0042
疊印三層	0.3623	0.3949	0.3753	0.0073
疊印四層	0.3558	0.3901	0.3680	0.0086
疊印五層	0.3495	0.3915	0.3628	0.0108

在雪銅紙張方面，其不同疊印層的疊印油墨濃度值則請參考表4-1-2。由表內的數值所顯示疊印一層（0.2959）時之平均印刷滿版濃度的增加仍然是最佳的，疊印二層之平均印刷滿版濃度值也還是向上增加，而在全部疊印的五層當中，就以疊印二層時的平均印刷

滿版濃度值為最高（0.3253），之後的平均印刷滿版濃度也隨著疊印的層數增加而降低，疊印三層為0.3197，疊印四層為0.3142，疊印五層為0.3048。而在疊印不同層數的最小印刷滿版濃度值方面，也和疊印層數之平均印刷滿版濃度值一樣，也是以疊印二層時為最高，之後再逐漸的降低，但在最大印刷滿版濃度值時，卻在疊印四層時比疊印二層時還高了一點點，但也還都在標準差的範圍之內。而這與前項的特銅紙張有些不同，特銅紙張在疊印三層時的平均印刷滿版濃度值最高，而雪銅紙張則在疊印二層時擁有最高的平均印刷滿版濃度值，而在疊印五層時之標準差還是最高（高達0.0095），但還是比特銅紙張之疊印五層時的標準差小了一些。

我們再來探討雪銅紙張之印刷滿版濃度在不同疊印層數上之常態分配曲線圖（參考附錄B）。在疊印一層時，除了只有一個RFID標籤之印刷滿版濃度值為最大之外，也大都較集中在印刷滿版濃度值（0.2950）左右附近較低的部份，若能屏除那一個最大印刷滿版濃度值，則此常態分配曲線將更為漂亮；在疊印二層時，除了只有一兩個RFID標籤之印刷滿版濃度值較為突兀之外，整體分配的情形也勉強算是正常；在疊印三層時，在較小的印刷滿版濃度值附近發生較多的量測個數之外，而在印刷滿版濃度值為0.3225附近處有十六個量測個數；在疊印四層時，與疊印二層的情況有些類似，有幾個較接近最小印刷滿版濃度值之量測個數，還有一個接近中間印刷滿版濃度值的個數只有一個之外，分配的情形也還算有一點右偏分配；在疊印四層時，RFID標籤之量測印刷滿版濃度值終於兩個區塊，較大的印刷滿版濃度值發生的個數也相對的較為少些；在疊印五層時，大部分的RFID標籤之量測印刷滿版濃度值皆偏向較低與較為中間之平均印刷滿版濃度值，較大的印刷滿版濃度值發生的個數，有一些右偏分配的傾向。

表4-1-2　雪銅紙張之印刷疊印層數與印刷滿版濃度量測值

雪銅紙張	最小值	最大值	平均數	標準差
疊印一層	0.2837	0.3326	0.2959	0.0074
疊印二層	0.3170	0.3365	0.3253	0.0043
疊印三層	0.3097	0.3354	0.3197	0.0063
疊印四層	0.3012	0.3370	0.3142	0.0080
疊印五層	0.2894	0.3333	0.3048	0.0095

2.平版印刷RFID標籤導電電阻值量測的結果

導電度的好與壞，基本上會最直接與最終RFID標籤的效能具有絕對的關係（但卻不是唯一考量的要素），這也就是我們要做此項量測的目的。而RFID標籤上的天線，其量測電阻值的兩個接點也是主要考量的地方，天線的長度越長，當然其電阻值也會越大，反之則電阻值越小，因此選擇量測位置是絕對會影響電阻值大小的，而且當然也會影響RFID標籤在效能上的表現。在以電阻值來判斷RFID標籤的效能時，也必須考量在同樣的一個位置上，這樣才會有客觀的結果，而測量的位置就是黏貼IC晶片處的兩個端點（請參考圖3-1）。

在特銅紙張上的導電電阻值請參考表4-1-3。在疊印一層時，其電阻值是所謂的無限大而無法量測出來，在疊印二層時其電阻值則大幅的降低到可量測的範圍之內了，但其平均電阻值也還是高達202歐姆左右，疊印三層時之平均電阻則降到了75.8歐姆，降低的幅度不算小，在之後的疊印層數增加狀況之下，其電阻值也隨之下降，但是電阻下降的則是越來越有限，疊印四層與疊印五層之平均電阻則約在51.5與41.5歐姆。不同疊印層數之平均電阻值、最大電阻值與最小電阻值，則是隨著疊印層數的增加而下降，而且疊印層數的增加，其標準差也隨著疊印層數的增加而降低，在疊印五層時的標準差也降低到最低的8.5。

而特銅紙張之導電電阻值在不同疊印層數上之常態分配曲線圖則請參考附錄C。在疊印二層時，除了有十個RFID標籤之導電度為最小，有三個導電度較高的RFID標籤之外，中間量測的導電電阻值的個數也較為平均，整體分配的情形也還是右偏分配；在疊印三層時，在較小的濃度值附近發生較多的量測個數且80歐姆附近只有一個量測個數，基本上整體分配的情形還算平均：在疊印四層時，除了較接近最小電阻值有十個量測個數與最高電阻值的只有一個之外，其他RFID標籤量測個數分配也還算多一些右偏分配的傾向；在疊印五層時，在RFID標籤之量測電阻值30歐姆附近（十個）與50歐姆附近（八個）有較多的量測個數外，其他電阻值發生的個數也還算相對的較為平均。

表4-1-3　特銅紙張之印刷疊印層數與導電電阻值（歐姆）

特銅紙張	最小值	最大值	平均數	標準差
疊印一層	量測不出來	量測不出來	無法計算	無法計算
疊印二層	94	411	202.4	88.0
疊印三層	45	119	75.8	20.7
疊印四層	34	85	51.5	12.5
疊印五層	29	57	41.5	8.5

另外在雪銅紙張方面，電阻值的大小則明顯的比特銅紙張來的低些，雪銅紙張之印刷疊印層之導電電阻值請參考表4-1-4。在疊印一層時，其電阻值也還是無限大而無法量測出來，而在疊印二層時其電阻值則大幅的降低，而平均電阻值也才只有66.7歐姆，疊印三層時之平均電阻降到了29.1歐姆，與特銅紙張一樣，其下降的幅度頗大，在之後疊印層數增加的狀況之下，其電阻值的下降幅度則越來越小，疊印四層與疊印五層之平均電阻則約在20.3與16.8歐姆。不同疊印層數之平均電阻值、最大電阻值與最小電阻值，則與特銅紙張一樣的是隨著疊印層數的增加而下降，而且疊印層數的增加其標準差也降低到從疊印二層之13.7到疊印五層的1.5。

雪銅紙張之導電電阻值在不同疊印層數上之常態分配曲線圖則請參考附錄D。在疊印二層時，除了只有在55歐姆附近有十二個RFID標籤之電阻值較為突出之外，整體分配的情形也算是右偏分配；在疊印三層時，其整體分配的情形較為集中，看起來還算相當不錯；在疊印四層時，除了在接近平均值21歐姆附近的量測個數較少（兩個）與19歐姆附近的量測個數較多外（十二個），整體分配也還算有一點右偏分配的情形；在疊印五層時，最大的導電電阻值發生的個數較少些，且接近平均值的18歐姆附近也較少之外，大部分的RFID標籤之量測導電度皆較為平均與集中，但視覺上有些明顯的右偏分配的情形。

表4-1-4　雪銅紙張之印刷疊印層數與導電電阻值（歐姆）

雪銅紙張	最小值	最大值	平均數	標準差
疊印一層	量測不出來	量測不出來	無法計算	無法計算
疊印二層	49	101	66.7	13.7
疊印三層	24	37	29.1	3.6
疊印四層	17	25	20.3	2.2
疊印五層	15	20	16.8	1.5

3.平版印刷RFID標籤讀寫距離量測的結果

量測RFID標籤天線之讀寫距離，當然最好是在電波無反射實驗室內進行，因為在以讀碼器讀寫RFID標籤中IC晶片的資料時，是可以完全不受外界環境的干擾，因此量測的結果才真正的具有客觀的正確性，但若是真將RFID標籤黏貼於實際不同的產品或是商品物件上時，可以預期的是絕對會因週遭環境的因素等，使其讀寫效能距離的表現打了折扣的，但也有可能會好一點點。

在特銅紙張上的疊印層數與使用讀碼器來量測並讀寫IC晶片內資料的距離，則請參考表4-1-5。在疊印一層時的電阻是無限大，理所當然的是無法讀寫IC晶片內的資料的，但在疊印二層時，我們也仍然無法將IC晶片內的資料讀寫出來，因此疊印一層與疊印二層是沒有距離可以量測出來的。在疊印三層之時，才有IC晶片內的資料被讀寫的到，疊印三層之平均讀寫距離為36.8公分，疊印四層與疊印五層之平均讀寫距離則分別為55.3公分與72.1公分，其讀寫距離的長短也符合先前電阻值的期待，是隨著電阻值的降低而增加了讀寫距離，同樣的也是隨著疊印層數的提高而增加了讀寫距離的長短，無論是在最短讀寫距離（從24公分到55公分）或是在最長讀寫距離（從55公分到86公分），都隨著疊印層數的增加而加長。標準差除了在疊印四層時有較高的標準差之外，疊印五層與疊印三層之標準差則稍微下降了一些。

接下來我們來探討特銅紙張之讀寫距離在不同疊印層數上之常態分配曲線圖（參考附錄E）。在疊印三層時，其讀寫距離為30公分（七個量測個數）與35公分（六個量測個數）附近的表現較為特殊與較多個數之外，其他的整體分佈上的情形還算平均且也較為離散；在疊印四層時，RFID標籤的讀寫距離，基本上是非常好的常態分配；在疊印五層時，在比較疊印四層的常態分配上，有較稍差了一點的表現之外，基本上也還算有不錯的表現而呈現了左偏分配的情形。

表4-1-5　特銅紙張之印刷疊印層數與讀寫距離（公分）

特銅紙張	最小值	最大值	平均數	標準差
疊印一層	無法讀寫	無法讀寫	無法計算	無法計算
疊印二層	無法讀寫	無法讀寫	無法計算	無法計算
疊印三層	24	55	36.8	7.4
疊印四層	39	76	55.3	9.4
疊印五層	55	86	72.1	7.4

另外在雪銅紙張方面的資訊則請參考表4-1-6。也誠如特銅紙張一樣，在疊印一層與疊印二層是沒有讀寫IC晶片資料之反應的，在疊印三層時才有平均讀寫距離48.9公分，而疊印四層與疊印五層的平均讀寫距離為65.2公分與79.6公分。讀寫距離的長短是隨著疊印層數增加與電阻值的降低而增加的。而在最短與最長之讀寫距離也與特銅紙張一般，是隨著疊印層數的增加而加長的，疊印三層之最短距離為22公分到疊印五層之76公分，但是在最長讀寫距離方面上，疊印三層與疊印四層都有比疊印五層之讀寫距離要來的長一點，且都有超過80公分長，但也還在標準差的範圍之內。在標準差方面則在疊印三層與疊印四層的差異較為不明顯，而疊印五層時的標準差相當的小，表示在疊印五層時的讀寫距離差異較小，在讀寫距離的表現上較為穩定與整齊而與其他疊印層有顯著的不同。

而在雪銅紙張之讀寫距離在不同疊印層數上之常態分配曲線圖（參考附錄F）。在疊印三層時，其整體分配的情形，除了讀寫距離55公分附近的量測個數僅有一個之外，其他方面看起來還算不錯的分佈；在疊印四層時，除了有三個短距離的表現較為突兀之外，其他的RFID標籤的讀寫距離也都還算集中與平均，因此明顯的為左偏分配；在疊印五層的部份，大部分的RFID標籤之量測讀寫距離皆表現還算能有平均分佈與較為集中的表現。

表4-1-6　雪銅紙張之印刷疊印層數與讀寫距離（公分）

雪銅紙張	最小值	最大值	平均數	標準差
疊印一層	無法讀寫	無法讀寫	無法計算	無法計算
疊印二層	無法讀寫	無法讀寫	無法計算	無法計算
疊印三層	22	84	48.9	16.2
疊印四層	26	89	65.2	15.4
疊印五層	76	83	79.6	2.0

（二）網版印刷實驗的結果

我們根據網版印刷研究的設計，同樣的也進行了兩次的實驗研究，因為網版印刷的印墨厚度是足夠的之緣故，所以都只有印刷一層而已，就可以達到使RFID標籤達到可以讀寫的目的了，我們將由前測與正式實驗的兩次的實驗結果綜合來呈現實驗的結果。我們在網版印刷的實驗研究當中，印製了兩種不同設計的RFID標籤天線，一種是用SHIH HSIN UNIVERSITY之RFID標籤天線，將Flint Ink公司專為網版印刷所生產的導電油墨CSS-010A Silver Conductive Ink，印製在150磅之雙銅紙張上，另外我們還進一步的將此天線以三種不同乾燥方式來進行研究，而乾燥方式則可以分類為「A乾燥方式」－印製完畢之後，讓其完全的自然乾燥；「B乾燥方式」－印製完畢之後，立刻放入烤箱並以攝氏80度高溫烘烤一小時後，再讓其完全自然乾燥回到常溫；「C乾燥方式」－印製完畢之後，在其完全的自然乾燥之後，以攝氏80度高溫烘烤一小時之後，再讓其自然乾燥等三種方式，而「C乾燥方式」就是綜合了「A乾燥方式」與「B乾燥方式」兩種方式。另一種是之前平版印刷方式所印製的Alien Technology之RFID標籤天線，將相同的網版導電油墨印製在150磅的特銅紙張與雪銅紙張上。而我們仍然以量測兩種不同RFID標籤天線之印刷滿版濃度值與導電電阻值，以及RFID標籤之讀寫距離等之結果來加以呈現。

1.網版印刷RFID標籤印刷滿版濃度量測的結果

我們做了兩種RFID標籤天線的實驗研究，所以我們就分別的將兩種不同RFID標籤天線的印刷滿版濃度量測值來加以敘述之。

（1）SHIH HSIN UNIVERSITY天線：

我們印製此RFID標籤天線於永豐餘150磅之雙銅紙張上，其A乾燥方式、B乾燥方式與C乾燥方式等三種乾燥方式的印刷滿版濃度量測之實驗結果，則請參考表4-1-7。

表4-1-7　不同乾燥方式之印刷滿版濃度量測值

印刷滿版濃度	最小值	最大值	平均數	標準差
A乾燥方式	0.2095	0.2457	0.2326	0.0076
B乾燥方式	0.1697	0.2120	0.1828	0.0105
C乾燥方式	0.1815	0.2387	0.2309	0.0091

在A乾燥方式中的之RFID標籤天線之平均印刷滿版濃度值為0.2326，而最小濃度值與最大濃度值分別為0.2095與0.2457，標準差為0.0076。以B乾燥方式所印製之RFID標籤天線的平均印刷滿版濃度值為0.1828，最小濃度值與最大濃度值各為0.1697與0.2120，此乾燥方式之標準差為0.0105。而結合了A乾燥方式與B乾燥方式之C乾燥方式的RFID標籤天線之印刷滿版濃度值為0.2309，最小濃度值與最大濃度值是0.1815與0.2387，標準差為0.0091。三種乾燥方式中，B乾燥方式的平均印刷滿版濃度值是最低的，但是標準差卻相對的是最高的，所以印刷濃度的穩定度是較為不穩定的，而A乾燥方式的平均印刷滿版濃度值是最高的，其印刷濃度的穩定度也是最優的，但其平均印刷滿版濃度值比C乾燥方式大的很有限。

在此天線下，我們來探討雙銅紙張之印刷滿版濃度在不同乾燥方式上之常態分配曲線圖（參考附錄G）。在A乾燥方式時，有兩個RFID標籤量測之印刷滿版濃度是最低的，另外在0.2300附近的印刷滿版濃度值的三個個數也較少之外，整體分佈明顯的為左偏分配；在B乾燥方式時，RFID標籤的濃度值較為離散，而且較多的個數比較擁有較低的印刷滿版濃度值，另外共有十五個RFID標籤其印刷滿版濃度值在0.1800左右，算是較為凸出的部份，為常態分佈為右偏分配；在C乾燥方式時，則有三個RFID標籤天線之印刷滿版濃度值小於0.2100左右之外，其他的表現到還算集中在0.2300到0.2350中間，若能屏除之前三個標籤之印刷滿版濃度值的個數，則此常態分配將有相當不錯的分佈才是。

（2）Alien Technology之天線：

根據量測RFID標籤天線印刷滿版濃度值於永豐餘150磅之特銅紙張與雪銅紙張的結果，我們印製後的乾燥方式與平版印刷的方式相同，是直接讓RFID標籤天線完全的自然乾燥之，而其印刷滿版濃度之量測值，則請參考表4-1-8。

表4-1-8　特銅紙張與雪銅紙張之印刷滿版濃度量測值

印刷滿版濃度	最小值	最大值	平均數	標準差
特銅紙張	0.2406	0.2777	0.2631	0.0080
雪銅紙張	0.2095	0.2457	0.2326	0.0076

特銅紙張的平均印刷滿版濃度值為0.2631，最小印刷滿版濃度值與最大印刷滿版濃度值分別為0.2406與0.2777；而雪銅紙張的平均印刷滿版濃度值為0.2326，最小印刷滿版濃度值與最大印刷滿版濃度值分別為0.2095與0.2457，兩種紙張的標準差的差異並不大，分別為0.0080與0.0076。特銅紙張的平均印刷滿版濃度值、最小印刷滿版濃度值與最高印刷滿版濃度值，皆較雪銅紙張為高。

接下來我們來探討特銅紙張與雪銅紙張之印刷滿版濃度之常態分配曲線圖（參考附錄H）。在特銅紙張方面，除了一個RFID標籤最低的印刷滿版濃度值（0.2400左右），基本上其分佈的表現上還算是平均；在雪銅紙張方面，除兩個RFID標籤是印刷滿版濃度值屬於最低之外，其常態分配也還算有不錯的分佈，但也仍然判斷得出為左偏分配。

2.網版印刷RFID標籤導電電阻值量測的結果

同樣的我們做了兩種RFID標籤天線導電電阻值的量測，所以我們就分別的來加以敘述之。

（1）SHIH HSIN UNIVERSITY天線：

網版印刷只需印製一次即可，就會有相當不錯的印墨厚度而有較優良的導電電阻值，同樣的以三用電錶來量測RFID標籤天線的導電電阻的好與壞，其量測電阻值的兩個接點也是固定在同樣的一個位置上（請參見圖3-3-9），如此這樣的結果才會比較客觀，而其不同乾燥方式之導電電阻值則請參考表4-1-9。

表4-1-9　不同乾燥方式之導電電阻值（歐姆）

導電電阻值	最小值	最大值	平均數	標準差
A乾燥方式	0.80	1.40	1.01	0.14
B乾燥方式	0.32	0.38	0.34	0.01
C乾燥方式	0.28	0.60	0.42	0.09

由上表所顯示，不論是何種乾燥方式，RFID標籤天線的電阻值都也可以被量測出來的，表示其印墨的厚度是達到了可以量測的範

圍之內。A乾燥方式之平均電阻值為1.01歐姆，而最低電阻值與最高電阻值分別為0.80歐姆與1.40歐姆，標準差為0.14。而B乾燥方式是印製完畢之RFID標籤天線立刻送入烤箱，再靜待其自然乾燥後，其天線的平均電阻值為0.34歐姆，而最低電阻值與最高電阻值分別為0.32歐姆與0.38歐姆，此RFID標籤天線量測的電阻值算是最為集中的，其標準差只有0.01。C乾燥方式是最為複雜的程序，其RFID標籤天線之平均電阻值為0.42歐姆，最低電阻值與最高電阻值分別為0.28歐姆與0.60歐姆，而其標準差則為0.09。A乾燥方式的平均電阻值是三種乾燥方式最高的，B乾燥方式是最低的，C乾燥方式的平均電阻值則是介於A乾燥方式與B乾燥方式，另外B乾燥方式與C乾燥方式的標準差較A乾燥方式低一些，尤其是B乾燥方式是最低的。

緊接著我們來探討雙銅紙張之導電度在不同乾燥方式上之常態分配曲線圖（請參考附錄I）。在A乾燥方式時，除了有三個RFID標籤之量測電阻值是最高的1.38歐姆左右，另有十六個RFID標籤之電阻值為0.94歐姆左右是比較特殊的，其他整體上分佈上的情形還算平均；在B乾燥方式時，此乾燥方式的電阻值算是最為集中且不離散的，但在RFID標籤的導電電阻值在0.3500歐姆左右交了個白卷，使得此分佈圖看起來較為突兀，若是其導電電阻值0.3620歐姆能替補下去，則此常態分配曲線之表現就很完美了；在C乾燥方式時，則在較低的電阻值上的量測個數佔了多數，否則分佈曲線也算是有不錯的表現。

（2）Alien Technology之天線：

我們只需量測特銅紙張與雪銅紙張的電阻值即可，而電阻值的量測之距離與接點，與先前平版印刷的方式完全相同，兩種紙張所量測之電阻值則請參考表4-1-10。

表4-1-10　特銅紙張與雪銅紙張之導電電阻值（歐姆）

導電電阻值	最小值	最大值	平均數	標準差
特銅紙張	0.84	1.08	0.95	0.06
雪銅紙張	0.62	0.76	0.68	0.03

特銅紙張的平均電阻值為0.95歐姆，最小電阻值與最大電阻值分別為0.84歐姆與1.08歐姆，而雪銅紙張的平均電阻值為0.68歐姆，最小電阻值與最大電阻值則分別為0.62歐姆與0.76歐姆，兩種紙張的電阻值之標準差的差異並不大，分別為0.06與0.03。特銅紙張的平均電阻較雪銅紙張為高，也就是說我們基本上認為雪銅紙張的表現較佳，且其標準差的表現也較為理想。

在進一步的來探討特銅紙張與雪銅紙張之導電度之常態分配曲線圖則請參考附錄J。在特銅紙張方面，除了在最低的電阻值之個數上多了一點之外，基本上其分佈的表現上還算是非常平均的；而在雪銅紙張方面，其RFID標籤的導電電阻值的量測算是相當的集中，其常態分配曲線也還算有不錯的分佈。

3.網版印刷RFID標籤讀寫距離量測的結果

大家都知道讀寫距離的長短，其實是判斷RFID標籤效能最重要的一項指標，但卻不是唯一的考量標的，但是對要從此處找尋適當的應用，卻可能是最好與最簡便的方式之一。

（1）SHIH HSIN UNIVERSITY天線：

在三種乾燥方式的效能表現於讀寫距離上，其讀寫距離的資訊則請參考表4-1-11。而其中最為簡單的A乾燥方式，其RFID標籤的讀寫距離平均約為119.8公分，而其最短與最長的讀寫距離分別為53公分與158公分，其標準差為27.7。接下來的B乾燥方式的RFID標籤之讀寫距離平均約52.3公分，而其最短與最長的讀寫距離分別為30公分與115公分，其標準差為18.3。最複雜的C乾燥方式之RFID標籤之讀寫距離平均約140.4公分，而其最短與最長的讀寫距離分別為31公分與230公分，其標準差為54.4。C乾燥方式的平均讀寫距離是三種乾燥方式中最優良的，B乾燥方式則為最不理想的，而A乾燥方式的平均讀寫距離的表現則居中。但有趣的是B乾燥方式的標準差是最低的，而C乾燥方式的標準差卻是最不理想的。

接著我們來探討雙銅紙張之讀寫距離在不同乾燥方式上之常態分配曲線圖（請參考附錄K）。在A乾燥方式時，較多的RFID標籤之量測之讀寫距離比較偏長距離外，另外在90公分左右的表現也算是有多個的表現，因此整體上分佈上為左偏分配；在B乾燥方式時，RFID標籤的讀寫距離在最遠的120公分之表現相當的好（但也只有一個），但多數RFID標籤（有三十個之多）之讀寫距離比較接近在40到50公分左右，使得此分佈圖在視覺上認知為右偏分配；在C乾燥方式時，RFID標籤則在80公分與100公分附近的距離繳交了白卷，且讀寫距離在最低的40-60公分之間有十個RFID標籤在此範圍之內，但是此乾燥方式的離散性是最大的，但整體而言平均分配圖看起來還相當的不錯。

表4-1-11　不同乾燥方式之讀寫距離（公分）

讀寫距離	最小值	最大值	平均數	標準差
A乾燥方式	53	158	119.8	27.7
B乾燥方式	30	115	52.3	18.3
C乾燥方式	31	230	140.4	54.4

（2）Alien Technology之天線：

回到Alien Technology之RFID標籤上，以網版印刷印製在特銅紙張與雪銅紙張上，而其效能之讀寫距離請參考表4-1-12。特銅紙張的RFID標籤之讀寫距離平均約為102.3公分，而其最短與最長的讀寫距離分別為29公分與135公分，其標準差為24.5。在雪銅紙張方面，其RFID標籤之讀寫距離平均約123.0公分，而其最短與最長的讀寫距離分別為18公分與202公分，其標準差為41.5。我們可以清楚的界定，雪銅紙張的平均表現要比特銅紙張的表現為佳，但其量測距離的離散也相對的不低，意即其讀寫距離的穩定度較為不理想。

接下來我們進一步的來討論特銅紙張與雪銅紙張之讀寫距離之常態分配曲線圖（請參考附錄L）。在特銅紙張方面，除了在最低的讀寫距離之個數上有一點之外，大部分的標籤之讀寫距離也偏中長之距離，明顯的為左偏分配的分佈；在雪銅紙張方面，其RFID標籤的讀寫距離的量測算是偏向中間的距離，其常態分配也還算是有相當平均的分佈。

表4-1-12　特銅紙張與雪銅紙張之讀寫距離（公分）

讀寫距離	最小值	最大值	平均數	標準差
特銅紙張	29	135	102.3	24.5
雪銅紙張	18	202	123.0	41.5

二、研究假設之檢定

我們將研究假設區分為三個部份，平版印刷實驗的研究假設之檢定、網版印刷實驗的研究假設之檢定與綜合平版印刷與網版印刷實驗的研究假設之檢定，以下將分別加以詳述討論之。

（一）平版印刷實驗的研究假設之檢定

根據之前在平版印刷實驗研究的設計中，我們使用了SPSS統計軟體中的單因子變異數分析法（One-Way Analysis of Variance – One-Way ANOVA），來分析多種群體（三種或以上）之間平均數是否有顯著差異的檢定方法，另也以T檢定（T-Test）來分析兩個群組之平均數是否有顯著差異，所設定之顯著水準值（α值）為0.05，意即表示在95%的信心指數之下為基準，而各個平版印刷之研究假設之假設則分別敘述如下：

假設一

H_0: 在印製導電油墨於RFID標籤天線於特銅紙張上，從疊印一層、疊印二層、疊印三層、疊印四層到疊印五層之不同層數，其天線之印刷滿版濃度沒有顯著的差異。即

H_0: $\mu_{\text{銅版疊印一層-SID}} = \mu_{\text{銅版疊印二層-SID}} = \mu_{\text{銅版疊印三層-SID}} = \mu_{\text{銅版疊印四層-SID}} = \mu_{\text{銅版疊印五層-SID}}$

（μ代表所量測之印刷滿版濃度平均值，SID代表印刷滿版濃度）

H_1: 在印製導電油墨於RFID標籤天線於特銅紙張上，從疊印一層、疊印二層、疊印三層、疊印四層到疊印五層之不同層數，其天線之印刷滿版濃度有顯著的差異。即

H_1: $\mu_{\text{銅版疊印一層-SID}} \neq \mu_{\text{銅版疊印二層-SID}} \neq \mu_{\text{銅版疊印三層-SID}} \neq \mu_{\text{銅版疊印四層-SID}} \neq \mu_{\text{銅版疊印五層-SID}}$

我們想從平版印刷印製RFID標籤在特銅紙張上，在疊印一層到疊印五層之間，其印刷滿版濃度是否有差異，而此特銅紙張之描述性之統計資料，則請參考表4-2-1。而可以檢定彼此關係的特銅紙張印刷滿版濃度之變異數分析，則請參考表4-2-2。其F檢定值為88.44，而其顯著性（Significance）為0.0000，明顯的小於α（顯著水準）=0.05，所以我們必須拒絕H_0而支持H_1，換句話說在五種不同疊印層數中，至少有兩種疊印層數的印刷滿版濃度是有顯著差異的。

表4-2-1　特銅紙張印刷滿版濃度之描述性統計

印刷滿版濃度	個數	平均數	標準差	平均數的95%信賴區間		最小值	最大值
				下界	上界		
疊印一層	50	0.3412	0.0079	0.3390	0.3435	0.3197	0.3545
疊印二層	50	0.3739	0.0042	0.3727	0.3751	0.3624	0.3875
疊印三層	50	0.3753	0.0073	0.3732	0.3774	0.3623	0.3949
疊印四層	50	0.3680	0.0086	0.3656	0.3704	0.3558	0.3901
疊印五層	50	0.3628	0.0108	0.3556	0.3660	0.2582	0.3915
總和	250	0.3638	0.0162	0.3618	0.3658	0.2582	0.3949

表4-2-2　特銅紙張疊印一層至疊印五層印刷滿版濃度之變異數分析

印刷滿版濃度	平方和	自由度	平均平方和	F 檢定	顯著性
組間	0.0385	4	0.0096	88.4397	0.0000
組內	0.0267	245	0.0001		
總和	0.0652	249			

接著我們必須進一步的進行Post Hoc檢定之LSD多重比較法來了解不同疊印層數中，到底是哪些疊印層數之間的印刷滿版濃度有明顯的差異（請參考附錄M）。由資料中所顯示，疊印一層與其他疊印層數之間皆有明顯的差異；疊印二層除了與疊印三層之間沒有明顯的差異之外（其顯著性為0.511290 > 0.05），而與其他的疊印層數則都有顯著的差異；疊印三層也與其他疊印層數之間有明顯的差異（疊印二層已經敘述過了）；疊印四層也仍然是與其他疊印層

數之間有明顯的差異；疊印五層則已經在前面陳述過了。我們可以說除了疊印二層與疊印三層之間是沒有顯著的差異，而其他不同疊印層數之間都是有明顯差異的。

假設二

H_0: 在印製導電油墨於RFID標籤天線於雪銅紙張上，從疊印一層、疊印二層、疊印三層、疊印四層到疊印五層之不同層數，其天線之印刷滿版濃度沒有顯著的差異。即

H_0: $\mu_{\text{雪銅疊印一層-SID}} = \mu_{\text{雪銅疊印二層-SID}} = \mu_{\text{雪銅疊印三層-SID}} = \mu_{\text{雪銅疊印四層-SID}} = \mu_{\text{雪銅疊印五層-SID}}$

（μ代表所量測之印刷滿版濃度平均值，SID代表印刷滿版濃度）

H_1: 在印製導電油墨於RFID標籤天線於雪銅紙張上，從疊印一層、疊印二層、疊印三層、疊印四層到疊印五層之不同層數，其天線之印刷滿版濃度有顯著的差異。即

H_1: $\mu_{\text{雪銅疊印一層-SID}} \neq \mu_{\text{雪銅疊印二層-SID}} \neq \mu_{\text{雪銅疊印三層-SID}} \neq \mu_{\text{雪銅疊印四層-SID}} \neq \mu_{\text{雪銅版印五層-SID}}$

同樣的我們想從平版印刷印製RFID標籤在雪銅紙張上，了解在疊印一層到疊印五層之間，其印刷滿版濃度是否有差異，而此雪銅紙張之描述性之統計資料請參考表4-2-3。而可以檢定彼此關係的雪銅紙張印刷滿板濃度之變異數分析，則請參考表4-2-4。其F檢定值為129.41，而其顯著性也是$0.0000 < \alpha$（顯著水準）$=0.05$，因此我們必須拒絕H_0而支持H_1，也就是說在五種不同疊印層數中，至少有兩種疊印層數的印刷滿版濃度是有顯著差異的。

表4-2-3　雪銅紙張印刷滿版濃度之描述性統計

印刷滿版濃度	個數	平均數	標準差	平均數的95%信賴區間		最小值	最大值
				下界	上界		
疊印一層	50	0.2959	0.0074	0.2938	0.2979	0.2837	0.3326
疊印二層	50	0.3253	0.0043	0.3240	0.3265	0.3170	0.3365
疊印三層	50	0.3197	0.0063	0.3179	0.3215	0.3097	0.3354
疊印四層	50	0.3142	0.0080	0.3119	0.3164	0.3012	0.3370
疊印五層	50	0.3048	0.0095	0.3021	0.3075	0.2894	0.3333
總和	250	0.3119	0.0128	0.3104	0.3135	0.2837	0.3370

表4-2-4　雪銅紙張疊印一層至疊印五層印刷滿版濃度之變異數分析

印刷滿版濃度	平方和	自由度	平均平方和	F檢定	顯著性
組間	0.0276	4	0.0069	129.4136	0.0000
組內	0.0131	245	0.0001		
總和	0.0407	249			

進一步的分析Post Hoc檢定之LSD多重比較法來了解不同疊印層數中，到底是哪些疊印層數之間的印刷滿版濃度有明顯的差異，是有其必要性的。由附錄N中的資料顯示，疊印一層與其他疊印層數之間皆有明顯的差異；疊印二層也與其他的疊印層數之間都有顯著的差異；疊印三層仍然與其他疊印層數之間有明顯的差異；疊印四層也還是與其他疊印層數之間有明顯的差異；疊印五層則已經在前面敘述過了。也就是說雪銅紙張在疊印不同層數之間，其彼此印刷滿版濃度之間是沒有雷同的。

假設三

H_0: 在印製導電油墨於RFID標籤天線之特銅紙張與雪銅紙張上，其天線的印刷滿版濃度沒有顯著的差異。即

H_0: $\mu_{特銅紙張\text{-}SID} = \mu$ 雪銅紙張-SID

（μ代表所量測之印刷滿版濃度平均值，SID代表印刷滿版濃度）

H_1: 在印製RFID標籤天線之導電油墨於特銅紙張與雪銅紙張上，其天線的印刷滿版濃度有顯著的差異。即

H_1: $\mu_{特銅紙張\text{-}SID} \neq \mu_{雪銅紙張\text{-}SID}$

將RFID標籤天線印製在特銅紙張與雪銅紙張上，在印刷滿版濃度是否有差異的資訊，則請參考表4-2-5。因為變異數相等的Levene檢定之顯著性0.0694 > 0.05，表示「假設變異數相等」沒有顯著差異，因此必須採用「假設變異數相等」這一列的T值，其T檢定值為39.7855，而其顯著性為0.0000 < α（顯著水準）＝0.05，所以我們必須拒絕H_0而支持H_1，如此很明顯的可以判斷出，特銅紙張與雪銅紙張之間是有明顯不同的，換句話說這兩種紙張的印刷滿版濃度是有顯著差異的。

表4-2-5　特銅紙張印刷滿版濃度之變異數分析

印刷滿版濃度	變異數相等的Levene檢定		平均數相等的T檢定						
	F檢定	顯著性	T	自由度	顯著性（雙尾）	平均差異	標準誤差異	差異的95%信賴區間	
								下界	上界
假設變異數相等	3.3106	0.0694	39.7855	498	0.0000	0.0519	0.0013	0.0493	0.0544
不假設變異數相等			39.7855	472.7800	0.0000	0.0519	0.0013	0.0493	0.0544

假設 四

H_0: 在印製導電油墨於RFID標籤天線於特銅紙張上，從疊印二層、疊印三層、疊印四層到疊印五層之不同層數，其天線之導電電阻值沒有顯著的差異。即

H_0: $\mu_{銅版疊印二層} = \mu_{銅版疊印三層} = \mu_{銅版疊印四層} = \mu_{銅版疊印五層}$

（μ代表所量測之電阻平均值，疊印一層之RFID標籤之電阻無法量測到）

H_1: 在印製導電油墨於RFID標籤天線於特銅紙張上，從疊印二層、疊印三層、疊印四層到疊印五層之不同層數，其天線之導電電阻值有顯著的差異。即

H_1：$\mu_{銅版疊印二層} \neq \mu_{銅版疊印三層} \neq \mu_{銅版疊印四層} \neq \mu_{銅版疊印五層}$

誠如先前的研究結果所顯示，在特銅紙張疊印一層時是無法量測出其電阻值的，所以研究假設必須做些修正，是從疊印二層到疊印五層共分為四組疊印層來做檢定，而此特銅紙張之描述性之統計資料請參考表4-2-6。而可以檢定彼此關係的特銅紙張導電電阻值之變異數分析，則請參考表4-2-7。其F檢定值為131.99，而其顯著性為0.0000，非常明顯的小於α（顯著水準）＝0.05，所以我們必須拒絕H_0而支持H_1，換句話說在四種不同疊印層數中，至少有兩種疊印層數的電阻值是有顯著差異的。

表4-2-6　特銅紙張導電電阻值之描述性統計-歐姆

導電電阻值	個數	平均數	標準差	平均數的95%信賴區間		最小值	最大值
				下界	上界		
疊印二層	50	202.4	88.0	177.4	227.4	94	411
疊印三層	50	75.8	20.7	69.9	81.7	45	119
疊印四層	50	51.5	12.5	48.0	55.1	34	85
疊印五層	50	41.5	8.5	39.1	43.9	29	57
總和	200	92.8	79.1	81.8	103.8	29	411

表4-2-7　特銅紙張疊印二層至疊印五層導電電阻值之變異數分析

導電電阻值	平方和	自由度	平均平方和	F 檢定	顯著性
組間	832166.3	3	277388.75	131.99	0.0000
組內	411915.1	196	2101.61		
總和	1244081	199			

既然在檢定的四種疊印層數中有顯著差異的呈現，我們接著進行Post Hoc檢定之LSD多重比較法來了解不同疊印層數中，到底是哪些疊印層數之間的導電電阻值有明顯的差異（請參考附錄O）。由資料中所顯示，疊印二層與其他疊印層數之間皆有明顯的差異；疊印三層也與其他疊印層數之間也都有顯著的差異；疊印四層則與疊印五層之間則沒有顯著的差異，因為其顯著性為0.274845，遠大於0.05，但也仍然是與其他疊印層數之間有明顯的差異；疊印五層則已經陳述過了。也就是說除了疊印四層與疊印五層之間是沒有明顯差異的，其他疊印層數彼此之間都有顯著的差異。

假設 五

H_0: 在印製導電油墨於RFID標籤天線於雪銅紙張上，從疊印二層、疊印三層、疊印四層到疊印五層之不同層數，其天線之導電電阻值沒有顯著的差異。即

H_0: $\mu_{雪銅疊印二層} = \mu_{雪銅疊印三層} = \mu_{雪銅疊印四層} = \mu_{雪銅疊印五層}$

（μ代表所量測之電阻平均值，疊印一層之RFID標籤之電阻無法量測到）

H_1: 在印製導電油墨於RFID標籤天線於雪銅紙張上，從疊印二層、疊印三層、疊印四層到疊印五層之不同層數，其天線之導電電阻值有顯著的差異。即

H_1: $\mu_{雪銅疊印二層} \neq \mu_{雪銅疊印三層} \neq \mu_{雪銅疊印四層} \neq \mu_{雪銅疊印五層}$

誠如先前的研究結果所顯示，在雪銅紙張疊印一層時其電阻也是無法量測出來的，所以研究假設也必須做些修正，是從疊印二層

到疊印五層共分為四組疊印層來做檢定，而此雪銅紙張之描述性之統計資料請參考表4-2-8。而可以檢定彼此關係的雪銅紙張導電電阻值之變異數分析，則請參考表4-2-9。其F檢定值為506.66，而其顯著性為0.0000＜ α （顯著水準）＝0.05，所以我們還是必須拒絕 H_0 而支持 H_1 ，換句話說在四種不同疊印層數中，至少有兩種疊印層數之間的電阻值是有明顯差異的。

表4-2-8　雪銅紙張導電電阻值之描述性統計-歐姆

導電電阻值	個數	平均數	標準差	平均數的95%信賴區間		最小值	最大值
				下界	上界		
疊印二層	50	66.74	13.69	62.85	70.63	49	101
疊印三層	50	29.12	3.62	28.09	30.15	24	37
疊印四層	50	20.28	2.17	19.66	20.90	17	25
疊印五層	50	16.82	1.48	16.40	17.24	15	20
總和	200	33.24	21.15	30.29	36.19	15	101

表4-2-9　雪銅紙張疊印二層至疊印五層導電電阻值之變異數分析

導電電阻值	平方和	自由度	平均平方和	F檢定	顯著性
組間	78840.12	3	26280.04	506.66	0.0000
組內	10166.36	196	51.87		
總和	89006.48	199			

在前述的檢定疊印層數中呈現了疊印層彼此有顯著差異，我們接著進行Post Hoc檢定之LSD多重比較法來了解不同疊印層數中，到底是哪些疊印層數之間的導電電阻值有顯著的差異（請參考附錄P）。由資料中所顯示的，疊印二層與其他疊印層數之間皆有明顯的差異；疊印三層也與其他疊印層數之間有明顯的差異；疊印四層則與疊印五層之間還是有顯著的差異；疊印五層則已經由前面表達過了。也就是說在雪銅紙張在導電電阻值上，其不同疊印層數之間，彼此之間是有相當明顯差異的。

假設六

H_0: 在印製導電油墨於RFID標籤天線之特銅紙張與雪銅紙張上，其天線之導電電阻值沒有顯著的差異。即

H_0: $\mu_{特銅紙張} = \mu_{雪銅紙張}$

（μ代表所量測之電阻平均值）

H_1: 在印製RFID標籤天線之導電油墨於特銅紙張與雪銅紙張上，其天線之導電電阻值有顯著的差異。即

H_1: $\mu_{特銅紙張} \neq \mu_{雪銅紙張}$

將RFID標籤天線印製在特銅紙張與雪銅紙張上，在印刷之導電電阻值是否有顯著差異的資訊，則請參考表4-2-10。因為變異數相等的Levene檢定之顯著性0.0000 < 0.05，表示「假設變異數相等」有顯著差異，因此必須採用「不假設變異數相等」這一列的T值，其T檢定值為10.2921，且其顯著性為0.0000，明顯的 $<\alpha$（顯著水準）＝0.05，所以我們必須拒絕H_0而支持H_1，如此毫不懷疑的

可以判斷出，特銅紙張與雪銅紙張在導電電阻值上是有明顯不同的，換句話說這兩種紙張在導電電阻值的表現上是有顯著差異的。

表4-2-10　特銅紙張與雪銅紙張印刷滿版濃度之變異數分析

導電電阻值	變異數相等的Levene檢定		平均數相等的T檢定						
	F檢定	顯著性	T	自由度	顯著性（雙尾）	平均差異	標準誤差異	差異的95%信賴區間	
								下界	上界
假設變異數相等	94.6676	0.0000	10.2921	398	0.0000	59.5650	5.7875	48.1872	70.9428
不假設變異數相等			10.2921	227.3295	0.0000	59.5650	5.7875	48.1611	70.9689

假設七

H_0: 在印製導電油墨於RFID標籤天線之特銅紙張上，從疊印三層、疊印四層到疊印五層之不同層數，其RFID標籤之讀寫距離沒有顯著的差異。即

H_0: $\mu_{特銅疊印三層} = \mu_{特銅疊印四層} = \mu_{特銅疊印五層}$

（μ代表所量測之讀寫距離平均值，疊印一層與疊印二層之RFID標籤無法讀寫到）

H_1: 在印製導電油墨於RFID標籤天線之特銅紙張上，從疊印三層、

疊印四層到疊印五層之不同層數，其RFID標籤之讀寫距離有顯著的差異。即

H_1: $\mu_{特銅疊印三層} \neq \mu_{特銅疊印四層} \neq \mu_{特銅疊印五層}$

我們在先前的研究結果顯示出，在特銅紙張疊印一層與疊印二層時是無法量測出其讀寫距離的，所以我們的研究假設必須加以修正，是從疊印三層到疊印五層共分為三組疊印層來做檢定，而此特銅紙張之描述性之統計資料請參考表4-2-11。而檢定彼此關係的特銅紙張讀寫距離之變異數分析，則請參考表4-2-12的。其F檢定值為143.4588，而其顯著性為0.0000，明顯的小於 α（顯著水準）＝0.05，所以我們必須拒絕H_0而支持H_1，換句話說在三種不同疊印層數中，至少有兩種疊印層數的讀寫距離是有顯著差異的。

表4-2-11　特銅紙張讀寫距離（公分）之描述性統計

讀寫距離	個數	平均數	標準差	平均數的95%信賴區間		最小值	最大值
				下界	上界		
疊印三層	30	36.8	7.4	34.1	39.5	24	55
疊印四層	30	55.3	9.3	51.8	58.8	39	76
疊印五層	30	72.1	7.4	69.4	74.9	55	86
總和	90	54.7	16.6	51.3	58.2	24	86

表4-2-12　特銅紙張疊印三層至疊印五層讀寫距離（公分）之變異數分析

讀寫距離	平方和	自由度	平均平方和	F檢定	顯著性
組間	18740.5556	2	9370.2778	143.4588	0.0000
組內	5682.5667	87	65.3169		
總和	24423.1222	89			

在檢定的三種疊印層數中有顯著差異的呈現，我們接著進行Post Hoc檢定之LSD多重比較法來了解不同疊印層數中，到底是哪些疊印層數之間有明顯的差異（請參考附錄Q）。由資料所顯示，疊印三層與其他疊印層數之間皆有明顯的差異；疊印四層也與其他疊層數之間也有著顯著的差異；疊印五層則已經在前面敘述過了。換句話說在特銅紙張上的RFID標籤之讀寫距離上，彼此不同疊印層數之間的讀寫距離是有顯著差異的。

假設八

H_0: 在印製導電油墨於RFID標籤天線之雪銅紙張上，從疊印三層、疊印四層到疊印五層之不同層數，其RFID標籤之讀寫距離沒有顯著的差異。即

H_0: $\mu_{\text{雪銅疊印三層}} = \mu_{\text{雪銅疊印四層}} = \mu_{\text{雪銅疊印五層}}$

（μ代表所量測之讀寫距離平均值，疊印一層與疊印二層之RFID標籤無法讀寫到）

H_1: 在印製導電油墨於RFID標籤天線之雪銅紙張上，從疊印三層、疊印四層到疊印五層之不同層數，其RFID標籤之讀寫距離有顯著的差異。即

H_1: $\mu_{雪銅疊印三層} \neq \mu_{雪銅疊印四層} \neq \mu_{雪銅疊印五層}$

雪銅紙張與特銅紙張研究結果所顯示的一樣，雪銅紙張疊印一層與疊印二層時是無法量測出其讀寫距離的，所以研究假設必須做些修正，是從疊印三層到疊印五層共分為三組疊印層來做檢定，而此雪銅紙張之描述性之統計資料請參考表4-2-13。而可以檢定彼此關係的雪銅紙張讀寫距離之變異數分析，則請參考表4-2-14。其F檢定值為41.1582，而其顯著性也同樣為0.0000＜ α （顯著水準）＝0.05，所以我們也必須拒絕H_0而支持H_1，換句話說在三種不同疊印層數中，至少有兩種疊印層數的RFID標籤之讀寫距離是有顯著差異的。

表4-2-13　雪銅紙張讀寫距離（公分）之描述性統計

讀寫距離	個數	平均數	標準差	平均數的95%信賴區間		最小值	最大值
				下界	上界		
疊印三層	30	48.90	16.2276	42.8405	54.9595	22	84
疊印四層	30	65.23	15.3728	59.4930	70.9736	26	89
疊印五層	30	79.60	2.0103	78.8493	80.3507	76	83
總和	90	64.58	17.9775	60.8125	68.3431	22	89

表4-2-14　雪銅紙張疊印三層至疊印五層讀寫距離（公分）之變異數分析

讀寫距離	平方和	自由度	平均平方和	F檢定	顯著性
組間	14156.69	2	7078.3444	42.1582	0.0000
組內	14607.27	87	167.8996		
總和	28763.96	89			

如上檢定的三種疊印層數中，呈現著的讀寫距離是有顯著差異，我們接著進行Post Hoc檢定之LSD多重比較法來了解不同疊印層數中，到底是哪些疊印層數之間有明顯的差異（請參考附錄R）。由資料所顯示，疊印三層與其他疊印層數之間皆有明顯的差異；疊印四層也與其他疊層數之間也有著顯著的差異；疊印五層則已經在前面表達過了。換句話說，在雪銅紙張的RFID標籤上，彼此不同疊印層數之間的讀寫距離是有顯著差異的。

假設 九

H_0: 在印製導電油墨於RFID標籤天線之特銅紙張與雪銅紙張上，其RFID標籤之讀寫距離沒有顯著的差異。即

H_0: $\mu_{特銅紙張} = \mu_{雪銅紙張}$

（μ代表所量測之讀寫距離平均值）

H_1: 在印製RFID標籤天線之導電油墨於特銅紙張與雪銅紙張上，其RFID標籤之讀寫距離有顯著的差異。即

H_1: $\mu_{特銅紙張} \neq \mu_{雪銅紙張}$

而在將RFID標籤天線印製在特銅紙張與雪銅紙張上，其RFID標籤的讀寫距離是否有差異請參考表4-2-15。因為變異數相等的Levene檢定之顯著性$0.5301 > 0.05$，表示「假設變異數相等」沒有顯著差異，因此必須採用「假設變異數相等」這一列的T值，其T檢定值為 -3.8160，且其顯著性為0.0002，也仍然< α （顯著水準）＝0.05，因此我們還是必須拒絕H_0而支持H_1，如此可以判斷特銅紙張與雪銅紙張之間，在RFID標籤的讀寫距離上是有明顯不同的。

表4-2-15　特銅紙張與雪銅紙張讀寫距離之變異數分析

讀寫距離	變異數相等的Levene檢定		平均數相等的T檢定						
	F檢定	顯著性	T	自由度	顯著性（雙尾）	平均差異	標準誤差異	差異的95%信賴區間	
								下界	上界
假設變異數相等	0.3958	0.5301	-3.8160	178	0.0002	-9.8333	2.5768	-14.9184	-4.7483
不假設變異數相等			-3.8160	176.8222	0.0002	-9.8333	2.5768	-14.9186	-4.7480

（二）網版印刷實驗的研究假設之檢定

根據之前在網版印刷實驗研究的設計中，我們使用了SPSS統計軟體中的單因子變異數分析法（One-Way ANOVA），來分析多種群體（三種或以上）之間平均數是否有顯著差異的檢定方法，另也以T檢定（T-Test）來分析兩個群組之平均數是否有顯著差異，所設定之顯著水準值（α值）為0.05，意即表示在95%的信心指數之下為基準，而各個網版印刷之研究假設則分別敘述如下：

假設一

H_0: 在以導電油墨印製SHIH HSIN UNIVERSITY之RFID標籤天線於雙銅紙張上，三種不同乾燥方式，其天線之印刷滿版濃度沒有顯著的差異。即

H_0: $\mu_{A乾燥\text{-}SID} = \mu_{B乾燥\text{-}SID} = \mu_{C乾燥\text{-}SID}$

（μ代表所量測之印刷滿版濃度平均值，SID代表印刷滿版濃度，A乾燥為自然乾燥之方式，B乾燥為印製完畢後立即進入烤箱加高溫，再靜待其自然乾燥之方式，C乾燥為自然乾燥之後才送入烤箱加高溫，再靜待其自然乾燥之方式）

H_1: 在以導電油墨印製SHIH HSIN UNIVERSITY之RFID標籤天線於雙銅紙張上，三種不同乾燥方式，其天線之印刷滿版濃度有顯著的差異。即

H_1: $\mu_{A乾燥\text{-}SID} \neq \mu_{B乾燥\text{-}SID} \neq \mu_{C乾燥\text{-}SID}$

以網版印刷印製SHIH HSIN UNIVERSITY之RFID標籤於雙銅紙張上的印刷滿版濃度，三種不同的乾燥方式的描述性之統計資料請參考表4-2-16，另外由表4-2-17來呈現在雙銅紙張上不同乾燥方式的印刷滿版濃度值的變異數分析。其F檢定值為481.6601，而其顯著性為0.0000且遠低於α（顯著水準）＝0.05，所以我們必須拒絕H_0而支持H_1，也就是說在三種不同的乾燥方式，其印刷滿版濃度是有顯著差異的。

表4-2-16　雙銅紙張在不同乾燥方式印刷滿版濃度之描述性統計

描述性統計量-濃度							
印刷滿版濃度	個數	平均數	標準差	平均數的95%信賴區間		最小值	最大值
				下界	上界		
A-乾燥方式	50	0.2326	0.0076	0.2305	0.2348	0.2095	0.2457
B-乾燥方式	50	0.1828	0.0105	0.1798	0.1857	0.1697	0.2120
C-乾燥方式	50	0.2309	0.0091	0.2283	0.2335	0.1815	0.2387
總和	150	0.2154	0.0249	0.2114	0.2194	0.1697	0.2457

表4-2-17　雙銅紙張在不同乾燥方式濃度之變異數分析

印刷滿版濃度	平方和	變異數分析－濃度			
		自由度	平均平方和	F 檢定	顯著性
組間	0.0801	2	0.0401	481.6601	0.0000
組內	0.0122	147	0.0001		
總和	0.0923	149			

有差異的同時，我們必須進一步的進行Post Hoc檢定之LSD多重比較法來了解三種不同乾燥方式中，到底是哪些乾燥方式之間的印刷滿版濃度有明顯的差異（請參考附錄S）。由資料中所顯示，A-乾燥方式與B-乾燥方式之間是有明顯的差異，但A-乾燥方式與C-乾燥方式之間是沒有明顯的差異的（其顯著性為0.3411 > 0.05）；

B-乾燥方式與C-乾燥方式之間是有明顯的差異。我們可以說除了A-乾燥方式與C-乾燥方式之間是沒有明顯的差異之外，其他乾燥方式之間是有顯著差異的。

假設二

H_0: 在以導電油墨印製Alien Technology之RFID標籤天線於特銅紙張與雪銅紙張上，其天線之印刷滿版濃度沒有顯著的差異。即

H_0: $\mu_{\text{特銅紙張-SID}} = \mu_{\text{雪銅紙張-SID}}$

（μ代表所量測之印刷滿版濃度平均值，SID代表印刷滿版濃度）

H_1: 在以導電油墨印製Alien Technology之RFID標籤天線於特銅紙張與雪銅紙張上，其天線之印刷滿版濃度有顯著的差異。即

H_1: $\mu_{\text{特銅紙張-SID}} \neq \mu_{\text{雪銅紙張-SID}}$

將RFID標籤天線印製一層導電油墨在特銅紙張與雪銅紙張上，其印刷滿版濃度之T檢定資訊請參考表4-2-18。因為變異數相等的Levene檢定之顯著性0.9882 > 0.05，表示「假設變異數相等」沒有顯著差異，因此必須採用「假設變異數相等」這一列的T值，其T檢定值為19.5382，α（顯著水準）＝0.05 > 0.0000（顯著性），因此我們必須拒絕H_0而支持H_1，這表示特銅紙張與雪銅紙張在印刷滿版濃度上是有顯著差異的。

表4-2-18　特銅紙張與雪銅紙張印刷滿版濃度之T檢定

<table>
<tr><td rowspan="3">印刷滿版濃度</td><td colspan="2">變異數相等的Levene檢定</td><td colspan="7">平均數相等的T檢定</td></tr>
<tr><td rowspan="2">F檢定</td><td rowspan="2">顯著性</td><td rowspan="2">T</td><td rowspan="2">自由度</td><td rowspan="2">顯著性（雙尾）</td><td rowspan="2">平均差異</td><td rowspan="2">標準誤差異</td><td colspan="2">差異的95%信賴區間</td></tr>
<tr><td>下界</td><td>上界</td></tr>
<tr><td>假設變異數相等</td><td>0.0002</td><td>0.9882</td><td>19.5382</td><td>98</td><td>0.0000</td><td>0.0305</td><td>0.0016</td><td>0.0274</td><td>0.0336</td></tr>
<tr><td>不假設變異數相等</td><td></td><td></td><td>19.5382</td><td>97.7652</td><td>0.0000</td><td>0.0305</td><td>0.0016</td><td>0.0274</td><td>0.0336</td></tr>
</table>

假設三

H_0: 在以導電油墨印製SHIH HSIN UNIVERSITY之RFID標籤天線於雙銅紙張上，三種不同乾燥方式，其天線之導電電阻值沒有顯著的差異。即

H_0: $\mu_{A乾燥} = \mu_{B乾燥} = \mu_{C乾燥}$

（μ代表所量測之平均電阻值，A乾燥為自然乾燥之方式，B乾燥為印製完畢後立即進入烤箱加高溫，再靜待其自然乾燥之方式，C乾燥為自然乾燥之後才送入烤箱加高溫，再靜待其自然乾燥之方式）

H_1: 在以導電油墨印製SHIH HSIN UNIVERSITY之RFID標籤天線於雙銅紙張上，三種不同乾燥方式，其天線之導電電阻值有顯著的差異。即

H_1: $\mu_{A乾燥} \neq \mu_{B乾燥} \neq \mu_{C乾燥}$

以網版印刷印製SHIH HSIN UNIVERSITY之RFID標籤於雙銅紙張上的導電電阻值，三種不同的乾燥方式的描述性之統計資料請參考表4-2-19，另外由表4-2-20來呈現在雙銅紙張上不同乾燥方式的電阻值的變異數分析。其F檢定值為705.8004，而其顯著性為0.0000，遠低於α（顯著水準）＝0.05，所以我們仍必須拒絕H_0而支持H_1，也就是說在三種不同的乾燥方式，其導電電阻值是有顯著差異的。

表4-2-19　雙銅紙張在不同乾燥方式導電電阻值之描述性統計

導電電阻值	個數	平均數	標準差	平均數的95%信賴區間		最小值	最大值
				下界	上界		
A-乾燥方式	50	1.0148	0.1397	0.9751	1.0545	0.80	1.40
B-乾燥方式	50	0.3436	0.0132	0.3398	0.3474	0.32	0.38
C-乾燥方式	50	0.4212	0.0947	0.3943	0.4481	0.28	0.60
總和	150	0.5932	0.3161	0.5422	0.6442	0.28	1.40

表4-2-20　雙銅紙張在不同乾燥方式導電電阻值之變異數分析

導電電阻值	平方和	自由度	平均平方和	F檢定	顯著性
組間	13.4815	2	6.7408	705.8004	0.0000
組內	1.4039	147	0.0096		
總和	14.8855	149			

在有明顯差異之後，我們還必須進一步的進行Post Hoc檢定之LSD多重比較法來了解三種不同乾燥方式中，到底是哪兩種乾燥方式之間的導電電阻值是有明顯的差異（請參考附錄T）。由資料中所顯示，A-乾燥方式與B-乾燥方式之間是有明顯的差異，且A-乾燥方式與C-乾燥方式之間也是有明顯差異的；B-乾燥方式與C-乾燥方式之間也是有顯著的差異。因此我們可以認定在這些不同的乾燥方式之間，其導電電阻值是呈現有顯著差異的。

假設 四

H_0: 在以導電油墨印製Alien Technology之RFID標籤天線於特銅紙張與雪銅紙張上，其天線的導電電阻值沒有顯著的差異。即

H_0: $\mu_{\text{特銅紙張}} = \mu_{\text{雪銅紙張}}$

（μ代表所量測之平均電阻值）

H_1: 在以導電油墨印製Alien Technology之RFID標籤天線於特銅紙張與雪銅紙張上，其天線的導電電阻值有顯著的差異。即

H_1: $\mu_{\text{特銅紙張}} \neq \mu_{\text{雪銅紙張}}$

將RFID標籤天線印製一層導電油墨在特銅紙張與雪銅紙張上，其導電度（電阻）之T檢定資訊請參考表4-2-21。因為變異數相等的Levene檢定之顯著性0.0024 < 0.05，表示「假設變異數相等」有顯著差異，因此必須採用「不假設變異數相等」這一列的T值，其T檢定值為29.5692，其顯著性為0.0000 < α （顯著水準）= 0.05，所以我們必須拒絕H_0而支持H_1，這表示特銅紙張與雪銅紙張在導電電阻值上是有顯著差異的。

表4-2-21　特銅紙張與雪銅紙張導電電阻值之T檢定

導電電阻值	變異數相等的Levene檢定		平均數相等的T檢定						
	F檢定	顯著性	T	自由度	顯著性（雙尾）	平均差異	標準誤差異	差異的95%信賴區間	
								下界	上界
假設變異數相等	9.6864	0.0024	29.5692	98	0.0000	0.2686	0.0091	0.2506	0.2866
不假設變異數相等			29.5692	79.7951	0.0000	0.2686	0.0091	0.2505	0.2867

假設 五

H_0: 在以導電油墨印製SHIH HSIN UNIVERSITY之RFID標籤天線於雙銅紙張上，三種不同乾燥方式，其天線之讀寫距離沒有顯著的差異。即

H_0: $\mu_{A乾燥} = \mu_{B乾燥} = \mu_{C乾燥}$

（μ代表所量測之讀寫距離平均值，A乾燥為自然乾燥之方式，B乾燥為印製完畢後立即進入烤箱加高溫，再靜待其自然乾燥之方式，C乾燥為自然乾燥之後才送入烤箱加高溫，再靜待其自然乾燥之方式）

H_1: 在以導電油墨印製SHIH HSIN UNIVERSITY之RFID標籤天線於雙銅紙張上，三種不同乾燥方式，其天線之讀寫距離有顯著的差異。即

H_1: $\mu_{A乾燥} \neq \mu_{B乾燥} \neq \mu_{C乾燥}$

以網版印刷印製SHIH HSIN UNIVERSITY之RFID標籤於雙銅紙張上的讀寫距離，三種不同的乾燥方式的描述性之統計資料請參考表4-2-22，另由表4-2-23來呈現在雙銅紙張上不同乾燥方式的讀寫距離之變異數分析。其F檢定值為78.3439，而其顯著性還是呈現為0.0000，遠遠小於α（顯著水準）＝0.05，所以我們必須拒絕H_0而支持H_1，也就是說在三種不同的乾燥方式，其RFID標籤的讀寫距離是有顯著差異的。

表4-2-22　雙銅紙張在不同乾燥方式讀寫距離之描述性統計

讀寫距離	個數	平均數	標準差	平均數的95%信賴區間		最小值	最大值
				下界	上界		
A-乾燥方式	50	119.8400	27.7168	111.9630	127.7170	53	158
B-乾燥方式	50	52.3400	18.2875	47.1427	57.5373	30	115
C-乾燥方式	50	140.4000	54.4123	124.9362	155.8638	31	230
總和	150	104.1933	52.5414	95.7163	112.6704	30	230

表4-2-23　雙銅紙張在不同乾燥方式讀寫距離之變異數分析

讀寫距離	平方和	自由度	平均平方和	F檢定	顯著性
組間	212225.4533	2	106112.7267	78.3439	0.0000
組內	199103.9400	147	1354.4486		
總和	411329.3933	149			

在有明顯差異之後，我們必須進一步的進行Post Hoc檢定之LSD多重比較法來了解三種不同乾燥方式中，到底是哪些乾燥方式之間的讀寫距離是有明顯的差異（請參考附錄U）。由資料中所顯示，A-乾燥方式與B-乾燥方式之間是有顯著差異的，而且A-乾燥方式與C-乾燥方式之間也是有明顯差異的；B-乾燥方式與C-乾燥方式之間也呈現出有顯著的差異。因此我們可以說在這些不同的乾燥方式之間，其RFID標籤的讀寫距離皆呈現有顯著差異的。

假設六

H_0: 在以導電油墨印製Alien Technology之RFID標籤天線於特銅紙張與雪銅紙張上，其RFID標籤之讀寫距離沒有顯著的差異。即

H_0: $\mu_{特銅紙張} = \mu_{雪銅紙張}$

（μ代表所量測之讀寫距離平均值）

H_1: 在以導電油墨印製Alien Technology之RFID標籤天線於特銅紙張與雪銅紙張上，其RFID標籤之讀寫距離有顯著的差異。即

H_1: $\mu_{特銅紙張} \neq \mu_{雪銅紙張}$

將RFID標籤天線只印製一層導電油墨於特銅紙張與雪銅紙張上，其讀寫距離之T檢定資訊請參考表4-2-24。因為變異數相等的Levene檢定之顯著性$0.0014 < 0.05$，表示「假設變異數相等」有顯著差異，因此必須採用「不假設變異數相等」這一列的T值，其T檢定值為-3.0329，其顯著性為0.0031，仍然明顯的 $< \alpha$（顯著水準）$=0.05$，因此我們必須拒絕H_0而支持H_1，這表示特銅紙張與雪銅紙張在讀寫距離上也是有顯著差異的。

表4-2-24　特銅紙張與雪銅紙張讀寫距離之T檢定

讀寫距離	變異數相等的Levene檢定		平均數相等的T檢定						
	F檢定	顯著性	T	自由度	顯著性（雙尾）	平均差異	標準誤差異	差異的95%信賴區間 下界	上界
假設變異數相等	10.7756	0.0014	-3.0329	98	0.0031	-20.6800	6.8185	-34.2111	-7.1489
不假設變異數相等			-3.0329	79.4704	0.0033	-20.6800	6.8185	-34.2507	-7.1093

（三）綜合平版印刷與網版印刷實驗的研究假設之檢定

綜合了平版印刷與網版印刷實驗研究所要檢定的研究假設，我們必須同時選用相同的RFID標籤來做檢定，而此天線就是在平版與網版都做過的實驗的Alien Technology之RFID標籤。我們還是使用了SPSS統計軟體中T檢定（T-Test）來分析兩個印刷版式之印刷滿版濃度、導電電阻值與讀寫距離之平均數是否有顯著差異，所設定之顯著水準值（α值）也仍然是0.05，意即表示在95%的信心指數之下為準，而分別敘述如下：

假設一

H_0: 平版印刷與網版印刷方式對印製特銅紙張之RFID印刷滿版濃度沒有明顯的差異。

H_0: $\mu_{平版印刷} = \mu_{網版印刷}$

（μ代表所量測之印刷滿版濃度平均值）

H_1: 平版印刷與網版印刷方式對印製特銅紙張之RFID印刷滿版濃度有明顯的差異。

H_1: $\mu_{平版印刷} \neq \mu_{網版印刷}$

以平版印刷與網版印刷方式印製RFID標籤天線於特銅紙張上，兩種印刷方式之間在印刷滿版濃度有無差異，以T檢定來決定之，平版印刷共有疊印一層、疊印二層、疊印三層、疊印四層與疊印五層之250個RFID標籤與網版印刷疊印一層之50個RFID標籤做比較，其T檢定資訊請參考表4-2-25。因為變異數相等的Levene檢定之顯著性0.0000 < 0.05，表示「假設變異數相等」有顯著差異，因此必須採用「不假設變異數相等」這一列的T值，意即其T檢定值為-69.0038，且其顯著性為0.0000，明顯的 < α （顯著水準）= 0.05，因此我們必須拒絕H_0而支持H_1，這表示在特銅紙張方面，平版印刷與網版印刷兩種印刷方式在印刷滿版濃度上是有顯著差異的。

表4-2-25　特銅紙張在平版印刷與網版印刷的印刷滿版濃度值之T檢定

印刷滿版濃度	變異數相等的Levene檢定		平均數相等的T檢定						
	F檢定	顯著性	T	自由度	顯著性（雙尾）	平均差異	標準誤差異	差異的95%信賴區間 下界	差異的95%信賴區間 上界
假設變異數相等	21.5587	0.0000	-47.1332	298	0.0000	-0.1011	0.0021	-0.1053	-0.0969
不假設變異數相等			-69.0038	126.5286	0.0000	-0.1011	0.0015	-0.1040	-0.0982

我們還可以進一步的比較平版印刷各個疊印層數（疊印一層、疊印二層、疊印三層、疊印四層與疊印五層）的印刷滿版濃度值，直接與網版印刷疊印一層之印刷滿版濃度值相比較，也仍然以T檢定來做為檢驗的方法。疊印一層之T檢定資訊請參考表4-2-26，疊印二層之T檢定資訊請參考表4-2-27，疊印三層之T檢定資訊請參考表4-2-28，疊印四層之T檢定資訊請參考表4-2-29，疊印五層之T檢定資訊請參考表4-2-30。疊印一層之T檢定值為假設變異數相等的49.0416；疊印二層之T檢定值為不假設變異數相等的86.5422；疊印三層之T檢定值為假設變異數相等的73.1569；疊印四層之T檢定值為假設變異數相等的63.2346；疊印五層之T檢定值為假設變異數相等的52.2901。五種不同疊印層之顯著性皆為0.0000，明顯的 $< \alpha$

（顯著水準）＝0.05，因此我們必須拒絕H_0而支持H_1，這表示在特銅紙張方面，平版印刷分別在五種不同疊印層數上與網版印刷在印刷滿版濃度上是有顯著差異的。

表4-2-26　特銅紙張在平版印刷疊印一層與網版印刷的印刷滿版濃度值之T檢定

印刷滿版濃度	變異數相等的Levene檢定		平均數相等的T檢定						
	F檢定	顯著性	T	自由度	顯著性（雙尾）	平均差異	標準誤差異	差異的95%信賴區間 下界	差異的95%信賴區間 上界
假設變異數相等	0.2175	0.6419	49.0416	98	0.0000	0.0781	0.0016	0.0749	0.0812
不假設變異數相等			49.0416	97.9921	0.0000	0.0781	0.0016	0.0749	0.0812

表4-2-27　特銅紙張在平版印刷疊印二層與網版印刷的印刷滿版濃度值之T檢定

印刷滿版濃度	變異數相等的Levene檢定		平均數相等的T檢定					差異的95%信賴區間	
	F檢定	顯著性	T	自由度	顯著性（雙尾）	平均差異	標準誤差異	下界	上界
假設變異數相等	13.4301	0.0004	86.5244	98	0.0000	0.1108	0.0013	0.1082	0.1133
不假設變異數相等			86.5244	74.5395	0.0000	0.1108	0.0013	0.1082	0.1133

表4-2-28　特銅紙張在平版印刷疊印三層與網版印刷的印刷滿版濃度值之T檢定

印刷滿版濃度	變異數相等的Levene檢定		平均數相等的T檢定					差異的95%信賴區間	
	F檢定	顯著性	T	自由度	顯著性（雙尾）	平均差異	標準誤差異	下界	上界
假設變異數相等	0.2697	0.6047	73.1569	98	0.0000	0.1121	0.0015	0.1091	0.1152
不假設變異數相等			73.1569	97.2320	0.0000	0.1121	0.0015	0.1091	0.1152

表4-2-29　特銅紙張在平版印刷疊印四層與網版印刷的印刷滿版濃度值之T檢定

印刷滿版濃度	變異數相等的Levene檢定		平均數相等的T檢定						
	F檢定	顯著性	T	自由度	顯著性（雙尾）	平均差異	標準誤差異	差異的95%信賴區間	
								下界	上界
假設變異數相等	0.3530	0.5538	63.2346	98	0.0000	0.1049	0.0017	0.1016	0.1081
不假設變異數相等			63.2346	97.5275	0.0000	0.1049	0.0017	0.1016	0.1081

表4-2-30　特銅紙張在平版印刷疊印五層與網版印刷的印刷滿版濃度值之T檢定

印刷滿版濃度	變異數相等的Levene檢定		平均數相等的T檢定						
	F檢定	顯著性	T	自由度	顯著性（雙尾）	平均差異	標準誤差異	差異的95%信賴區間	
								下界	上界
假設變異數相等	2.4093	0.1238	52.2901	98	0.0000	0.0996	0.0019	0.0958	0.1034
不假設變異數相等			52.2901	90.1385	0.0000	0.0996	0.0019	0.0958	0.1034

假設二

H_0: 平版印刷與網版印刷方式對印製雪銅紙張之RFID印刷滿版濃度沒有明顯的差異。

H_0: $\mu_{平版印刷} = \mu_{網版印刷}$

（μ代表所量測之滿版濃度平均值）

H_1: 平版印刷與網版印刷方式對印製雪銅紙張之RFID印刷滿版濃度有明顯的差異。

H_1: $\mu_{平版印刷} \neq \mu_{網版印刷}$

以平版印刷與網版印刷方式印製RFID標籤天線於雪銅紙張上，我們以T檢定來判斷兩種印刷方式之間在印刷滿版濃度有無差異，平版印刷共有五種疊印層數之250個RFID標籤與網版印刷疊印一層之50個RFID標籤做比較，其T檢定資訊請參考表4-2-31。因為變異數相等的Levene檢定之顯著性0.0000 < 0.05，表示「假設變異數相等」有顯著差異，因此必須採用「不假設變異數相等」這一列的T值，意即其T檢定值為-58.9023，且其顯著性為0.0000，明顯的 < α（顯著水準）= 0.05，因此我們必須拒絕H_0而支持H_1，這表示在雪銅紙張方面，平版印刷與網版印刷兩種印刷方式在印刷滿版濃度上是有明顯差異的。

表4-2-31 雪銅紙張在平版印刷與網版印刷的印刷滿版濃度值之T檢定

印刷滿版濃度	變異數相等的Levene檢定		平均數相等的T檢定						
	F檢定	顯著性	T	自由度	顯著性（雙尾）	平均差異	標準誤差異	差異的95%信賴區間 下界	差異的95%信賴區間 上界
假設變異數相等	26.0882	0.0000	-42.3537	298	0.0000	-0.0793	0.0019	-0.0830	-0.0756
不假設變異數相等			-58.9023	112.8004	0.0000	-0.0793	0.0013	-0.0820	-0.0767

我們還可以比較平版印刷各個疊印層數（疊印一層、疊印二層、疊印三層、疊印四層與疊印五層）的印刷滿版濃度值，直接與網版印刷疊印一層之印刷滿版濃度值相比較，也仍然是以T檢定來做為檢驗的方法。疊印一層之T檢定資訊請參考表4-2-32，疊印二層之T檢定資訊請參考表4-2-33，疊印三層之T檢定資訊請參考表4-2-34，疊印四層之T檢定資訊請參考表4-2-35，疊印五層之T檢定資訊請參考表4-2-36。疊印一層之T檢定值為假設變異數相等的42.2333；疊印二層之T檢定值為不假設變異數相等的74.9402；疊印三層之T檢定值為假設變異數相等的62.4567；疊印四層之T檢定值為假設變異數相等的52.1566；疊印五層之T檢定值為假設變異數相等的41.8065。五種不同疊印層之顯著性皆為0.0000，明顯的＜ α

（顯著水準）＝0.05，因此我們必須拒絕H_0而支持H_1，這表示在雪銅紙張與特銅紙張一樣，平版印刷分別在五種不同疊印層數上與網版印刷在印刷滿版濃度上是有顯著差異的。

表4-2-32　雪銅紙張在平版印刷疊印一層與網版印刷的印刷滿版濃度值之T檢定

印刷滿版濃度	變異數相等的Levene檢定		平均數相等的T檢定						
	F檢定	顯著性	T	自由度	顯著性（雙尾）	平均差異	標準誤差異	差異的95%信賴區間 下界	差異的95%信賴區間 上界
假設變異數相等	1.3940	0.2406	42.2333	98	0.0000	0.0632	0.0015	0.0603	0.0662
不假設變異數相等			42.2333	97.8813	0.0000	0.0632	0.0015	0.0603	0.0662

表4-2-33　雪銅紙張在平版印刷疊印二層與網版印刷的印刷滿版濃度值之T檢定

印刷滿版濃度	變異數相等的Levene檢定		平均數相等的T檢定						
	F檢定	顯著性	T	自由度	顯著性（雙尾）	平均差異	標準誤差異	差異的95%信賴區間	
								下界	上界
假設變異數相等	13.5207	0.0004	74.9402	98	0.0000	0.0926	0.0012	0.0902	0.0951
不假設變異數相等			74.9402	77.3038	0.0000	0.0926	0.0012	0.0902	0.0951

表4-2-34　雪銅紙張在平版印刷疊印三層與網版印刷的印刷滿版濃度值之T檢定

印刷滿版濃度	變異數相等的Levene檢定		平均數相等的T檢定						
	F檢定	顯著性	T	自由度	顯著性（雙尾）	平均差異	標準誤差異	差異的95%信賴區間	
								下界	上界
假設變異數相等	1.1660	0.2829	62.4567	98	0.0000	0.0871	0.0014	0.0843	0.0898
不假設變異數相等			62.4567	94.4601	0.0000	0.0871	0.0014	0.0843	0.0898

表4-2-35　雪銅紙張在平版印刷疊印四層與網版印刷的印刷滿版濃度值之T檢定

印刷滿版濃度	變異數相等的Levene檢定		平均數相等的T檢定					差異的95%信賴區間	
	F檢定	顯著性	T	自由度	顯著性（雙尾）	平均差異	標準誤差異	下界	上界
假設變異數相等	0.3557	0.5523	52.1566	98	0.0000	0.0815	0.0016	0.0784	0.0846
不假設變異數相等			52.1566	97.7464	0.0000	0.0815	0.0016	0.0784	0.0846

表4-2-36　雪銅紙張在平版印刷疊印五層與網版印刷的印刷滿版濃度值之T檢定

印刷滿版濃度	變異數相等的Levene檢定		平均數相等的T檢定					差異的95%信賴區間	
	F檢定	顯著性	T	自由度	顯著性（雙尾）	平均差異	標準誤差異	下界	上界
假設變異數相等	1.1577	0.2846	41.8065	98	0.0000	0.0722	0.0017	0.0687	0.0756
不假設變異數相等			41.8065	93.4169	0.0000	0.0722	0.0017	0.0687	0.0756

假設三

H_0: 平版印刷與網版印刷方式對印製特銅紙張之RFID導電電阻值沒有明顯的差異。

H_0: $\mu_{平版印刷} = \mu_{網版印刷}$

（μ代表所量測之平均電阻值）

H_1: 平版印刷與網版印刷方式對印製特銅紙張之RFID導電電阻值有明顯的差異。

H_1: $\mu_{平版印刷} \neq \mu_{網版印刷}$

以平版印刷與網版印刷方式印製RFID標籤天線於特銅紙張上，兩種印刷方式之間在導電電阻值有無差異，以T檢定來檢驗平版印刷之疊印二層到疊印五層之200個RFID標籤，並與網版印刷疊印一層之50個RFID標籤做比較，其T檢定資訊請參考表4-2-37。因為變異數相等的Levene檢定之顯著性0.0000 < 0.05，表示「假設變異數相等」有顯著差異，因此必須採用「不假設變異數相等」這一列的T值，意即其T檢定值為-16.4289，而其顯著性為0.0000，明顯的 < α （顯著水準）= 0.05，因此我們必須拒絕H_0而支持H_1，這表示在特銅紙張方面，平版印刷與網版印刷兩種印刷方式在導電電阻值上是有顯著差異的。

表4-2-37　特銅紙張在平版印刷與網版印刷的導電電阻值之T檢定

導電電阻值	變異數相等的Levene檢定		平均數相等的T檢定						
	F檢定	顯著性	T	自由度	顯著性（雙尾）	平均差異	標準誤差異	差異的95%信賴區間	
								下界	上界
假設變異數相等	50.7636	0.0000	-8.2020	248	0.0000	-91.8524	11.1987	-113.9091	-69.7957
不假設變異數相等			-16.4289	199.0008	0.0000	-91.8524	5.5909	-102.8775	-80.8273

當我們進一步的比較平版印刷各個疊印層數（疊印二層、疊印三層、疊印四層與疊印五層）的導電電阻值，並直接與網版印刷疊印一層之導電電阻值相比較，也仍然以T檢定來做為檢驗的方法。疊印二層之T檢定資訊請參考表4-2-38，疊印三層之T檢定資訊請參考表4-2-39，疊印四層之T檢定資訊請參考表4-2-40，疊印五層之T檢定資訊請參考表4-2-41。疊印二層之T檢定值為不假設變異數相等的16.1856；疊印三層之T檢定值為不假設變異數相等的25.5190；疊印四層之T檢定值為不假設變異數相等的28.5116；疊印五層之T檢定值為不假設變異數相等的33.7125。四種不同疊印層之顯著性皆為0.0000，明顯的＜ α （顯著水準）＝0.05，因此我們必須拒絕H_0而支持H_1，這表示在特銅紙張方面，平版印刷分別在四種不同疊印層數上與網版印刷在導電電阻值上是有明顯差異的。

表4-2-38　特銅紙張在平版印刷疊印二層與網版印刷的導電電阻值之T檢定

導電電阻值	變異數相等的Levene檢定		平均數相等的T檢定						
	F檢定	顯著性	T	自由度	顯著性（雙尾）	平均差異	標準誤差異	差異的95%信賴區間	
								下界	上界
假設變異數相等	125.5755	0.0000	16.1856	98	0.0000	201.4674	12.4473	176.7661	226.1687
不假設變異數相等			16.1856	49.0000	0.0000	201.4674	12.4473	176.4536	226.4812

表4-2-39　特銅紙張在平版印刷疊印三層與網版印刷的導電電阻值之T檢定

導電電阻值	變異數相等的Levene檢定		平均數相等的T檢定						
	F檢定	顯著性	T	自由度	顯著性（雙尾）	平均差異	標準誤差異	差異的95%信賴區間	
								下界	上界
假設變異數相等	137.0206	0.0000	25.5190	98	0.0000	74.8474	2.9330	69.0269	80.6679
不假設變異數相等			25.5190	49.0007	0.0000	74.8474	2.9330	68.9533	80.7415

表4-2-40　特銅紙張在平版印刷疊印四層與網版印刷的導電電阻值之T檢定

導電電阻值	變異數相等的Levene檢定		平均數相等的T檢定						
	F檢定	顯著性	T	自由度	顯著性（雙尾）	平均差異	標準誤差異	差異的95%信賴區間	
								下界	上界
假設變異數相等	115.8850	0.0000	28.5116	98	0.0000	50.5674	1.7736	47.0478	54.0870
不假設變異數相等			28.5116	49.0019	0.0000	50.5674	1.7736	47.0033	54.1315

表4-2-41　特銅紙張在平版印刷疊印五層與網版印刷的導電電阻值之T檢定

導電電阻值	變異數相等的Levene檢定		平均數相等的T檢定						
	F檢定	顯著性	T	自由度	顯著性（雙尾）	平均差異	標準誤差異	差異的95%區間	
								下界	上界
假設變異數相等	157.6402	0.0000	33.7125	98	0.0000	40.5274	1.2021	38.1418	42.9130
不假設變異數相等			33.7125	49.0041	0.0000	40.5274	1.2021	38.1116	42.9432

假設四

H_0: 平版印刷與網版印刷方式對印製雪銅紙張之RFID導電電阻值沒有明顯的差異。

H_0: $\mu_{\text{平版印刷}} = \mu_{\text{網版印刷}}$

（μ代表所量測之平均電阻值）

H_1: 平版印刷與網版印刷方式對印製雪銅紙張之RFID導電電阻值有明顯的差異。

H_1: $\mu_{\text{平版印刷}} \neq \mu_{\text{網版印刷}}$

以平版印刷與網版印刷方式印製RFID標籤天線於雪銅紙張上，我們以T檢定來判斷兩種印刷方式之間在印刷滿版濃度有無差異，平版印刷共有四種疊印層數之200個RFID標籤與網版印刷疊印一層之50個RFID標籤做比較，其T檢定資訊請參考表4-2-42。因為變異數相等的Levene檢定之顯著性0.0000 < 0.05，表示「假設變異數相等」有顯著差異，因此必須採用「不假設變異數相等」這一列的T值，意即其T檢定值為-21.7701，且其顯著性為0.0000，明顯的 < α（顯著水準）= 0.05，因此我們必須拒絕H_0而支持H_1，這表示在雪銅紙張方面，平版印刷與網版印刷兩種印刷方式在導電電阻值上是有明顯差異的。

表4-2-42　雪銅紙張在平版印刷與網版印刷的導電電阻值之T檢定

導電電阻值	變異數相等的Levene檢定		平均數相等的T檢定						
	F檢定	顯著性	T	自由度	顯著性（雙尾）	平均差異	標準誤差異	差異的95%信賴區間	
								下界	上界
假設變異數相等	88.8356	0.0000	-10.8687	248	0.0000	-32.5560	2.9954	-38.4557	-26.6563
不假設變異數相等			-21.7701	199.0038	0.0000	-32.5560	1.4954	-35.5050	-29.6070

接著我們還可比較平版印刷各個疊印層數（疊印二層、疊印三層、疊印四層與疊印五層）的導電電阻值，直接的與網版印刷疊印一層之導電電阻值相比較，也仍然是以T檢定來做為檢驗的方法。疊印二層之T檢定資訊請參考表4-2-43，疊印三層之T檢定資訊請參考表4-2-44，疊印四層之T檢定資訊請參考表4-2-45，疊印五層之T檢定資訊請參考表4-2-46。疊印二層之T檢定值為不假設變異數相等的34.1109；疊印三層之T檢定值為不假設變異數相等的55.5789；疊印四層之T檢定值為不假設變異數相等的63.9383；疊印五層之T檢定值為假設變異數相等的77.0567。四種不同疊印層之顯著性皆為0.0000，明顯的＜ α （顯著水準）＝0.05，因此我們必須拒絕H_0而支持H_1，這表示在雪銅紙張與特銅紙張一樣，平版印刷分別在四種不同疊印層數上與網版印刷在導電電阻值上是有顯著差異的。

表4-2-43　雪銅紙張在平版印刷疊印二層與網版印刷的導電電阻值之T檢定

導電電阻值	變異數相等的Levene檢定		平均數相等的T檢定						
	F檢定	顯著性	T	自由度	顯著性（雙尾）	平均差異	標準誤差異	差異的95%信賴區間	
								下界	上界
假設變異數相等	97.0354	0.0000	34.1109	98	0.0000	66.0560	1.9365	62.2131	69.8989
不假設變異數相等			34.1109	49.0006	0.0000	66.0560	1.9365	62.1644	69.9476

表4-2-44　雪銅紙張在平版印刷疊印三層與網版印刷的導電電阻值之T檢定

導電電阻值	變異數相等的Levene檢定		平均數相等的T檢定						
	F檢定	顯著性	T	自由度	顯著性（雙尾）	平均差異	標準誤差異	差異的95%信賴區間	
								下界	上界
假設變異數相等	110.5043	0.0000	55.5789	98	0.0000	28.4360	0.5116	27.4207	29.4513
不假設變異數相等			55.5789	49.0081	0.0000	28.4360	0.5116	27.4078	29.4642

表4-2-45　雪銅紙張在平版印刷疊印四層與網版印刷的導電電阻值之T檢定

導電電阻值	變異數相等的Levene檢定		平均數相等的T檢定						
	F檢定	顯著性	T	自由度	顯著性（雙尾）	平均差異	標準誤差異	差異的95%信賴區間	
								下界	上界
假設變異數相等	125.8688	0.0000	63.9383	98	0.0000	19.5960	0.3065	18.9878	20.2042
不假設變異數相等			63.9383	49.0225	0.0000	19.5960	0.3065	18.9801	20.2119

表4-2-46　雪銅紙張在平版印刷疊印五層與網版印刷的導電電阻值之T檢定

導電電阻值	變異數相等的Levene檢定		平均數相等的T檢定						
	F檢定	顯著性	T	自由度	顯著性（雙尾）	平均差異	標準誤差異	差異的95%信賴區間	
								下界	上界
假設變異數相等	114.6653	0.0000	77.0567	98	0.0000	16.1360	0.2094	15.7204	16.5516
不假設變異數相等			77.0567	49.0482	0.0000	16.1360	0.2094	15.7152	16.5568

假設五

H_0: 平版印刷與網版印刷方式對印製特銅紙張之RFID讀寫距離之效能沒有明顯的差異。

H_0: $\mu_{平版印刷} = \mu_{網版印刷}$

（μ代表所量測之讀寫距離平均值）

H_1: 平版印刷與網版印刷方式對印製特銅紙張之RFID讀寫距離之效能有明顯的差異。

H_1: $\mu_{平版印刷} \neq \mu_{網版印刷}$

以平版印刷與網版印刷方式印製RFID標籤天線於特銅紙張上，兩種印刷方式之間在讀寫距離上有無差異，以T檢定來決定之，平版印刷共有疊印三層、疊印四層與疊印五層之90個RFID標籤與網版印刷疊印一層之50個RFID標籤做比較，其T檢定資訊請參考表4-2-47。因為變異數相等的Levene檢定之顯著性0.1040 > 0.05，表示「假設變異數相等」沒有顯著差異，因此必須採用「假設變異數相等」這一列的T值，意即其T檢定值為13.6397，且其顯著性為0.0000，明顯的< α （顯著水準）= 0.05，因此我們必須拒絕H_0而支持H_1，這表示在特銅紙張方面，平版印刷與網版印刷兩種印刷方式在讀寫距離上是有顯著差異的。

表4-2-47　特銅紙張在平版印刷與網版印刷讀寫距離之T檢定

讀寫距離	變異數相等的Levene檢定		平均數相等的T檢定						
	F檢定	顯著性	T	自由度	顯著性（雙尾）	平均差異	標準誤差異	差異的95%信賴區間	
								下界	上界
假設變異數相等	2.6779	0.1040	13.6397	138	0.0000	47.5356	3.4851	40.6445	54.4266
不假設變異數相等			12.2450	74.3748	0.0000	47.5356	3.8821	39.8010	55.2701

我們還可以進一步的比較平版印刷各個疊印層數（疊印三層、疊印四層與疊印五層）的讀寫距離，直接與網版印刷疊印一層之讀寫距離相比較，也仍然以T檢定來做為檢驗的方法，疊印三層之T檢定資訊請參考表4-2-48，疊印四層之T檢定資訊請參考表4-2-49，疊印五層之T檢定資訊請參考表4-2-50。疊印三層之T檢定值為不假設變異數相等的17.6081；疊印四層之T檢定值為假設變異數相等的7.4355；疊印五層之T檢定值為不假設變異數相等的6.5050。三種不同疊印層之顯著性皆為0.0000，明顯的＜ α （顯著水準）＝0.05，因此我們必須拒絕H_0而支持H_1，這表示在特銅紙張方面，平版印刷分別在三種不同疊印層數上與網版印刷在讀寫距離上是有顯著差異的。

表4-2-48　特銅紙張在平版印刷疊印三層與網版印刷讀寫距離之T檢定

讀寫距離	變異數相等的Levene檢定		平均數相等的T檢定						
	F檢定	顯著性	T	自由度	顯著性（雙尾）	平均差異	標準誤差異	差異的95%信賴區間	
								下界	上界
假設變異數相等	14.3317	0.0003	14.2168	78	0.0000	65.4800	4.6058	56.3105	74.6495
不假設變異數相等			17.6081	62.4592	0.0000	65.4800	3.7187	58.0474	72.9126

表4-2-49　特銅紙張在平版印刷疊印四層與網版印刷讀寫距離之T檢定

讀寫距離	變異數相等的Levene檢定		平均數相等的T檢定						
	F檢定	顯著性	T	自由度	顯著性（雙尾）	平均差異	標準誤差異	差異的95%信賴區間	
								下界	上界
假設變異數相等	3.6366	0.0602	7.4355	78	0.0000	37.0467	4.9824	27.1275	46.9658
不假設變異數相等			8.3049	77.8068	0.0000	37.0467	4.4608	28.1656	45.9278

表4-2-50　特銅紙張在平版印刷疊印五層與網版印刷讀寫距離之T檢定

讀寫距離	變異數相等的Levene檢定		平均數相等的T檢定						
	F檢定	顯著性	T	自由度	顯著性（雙尾）	平均差異	標準誤差異	差異的95%信賴區間	
								下界	上界
假設變異數相等	27.6291	0.0000	5.0439	78	0.0000	22.6800	4.4965	13.7282	31.6318
不假設變異數相等			6.5050	50.0937	0.0000	22.6800	3.4865	15.6774	29.6826

假設六

H_0: 平版印刷與網版印刷方式對印製雪銅紙張之RFID讀寫距離之效能沒有明顯的差異。

H_0: $\mu_{平版印刷} = \mu_{網版印刷}$

（μ代表所量測之讀寫距離平均值）

H_1: 平版印刷與網版印刷方式對印製雪銅紙張之RFID讀寫距離之效能有明顯的差異。

H_1: $\mu_{平版印刷} \neq \mu_{網版印刷}$

以平版印刷與網版印刷方式印製RFID標籤天線於雪銅紙張上，兩種印刷方式之間在讀寫距離上有無差異，以T檢定來決定之，平版印刷共有疊印三層、疊印四層與疊印五層之90個RFID標籤，與網版印刷疊印一層之50個RFID標籤做比較，其T檢定資訊請參考表4-2-51。T檢定值為不假設變異數相等的9.4631，且其顯著性為0.0000，明顯的＜ α （顯著水準）＝0.05，因此我們必須拒絕H_0而支持H_1，這表示在雪銅紙張方面，平版印刷與網版印刷兩種印刷方式在讀寫距離上也是有顯著差異的。

表4-2-51　雪銅紙張在平版印刷與網版印刷讀寫距離之T檢定

讀寫距離	變異數相等的Levene檢定		平均數相等的T檢定						
	F檢定	顯著性	T	自由度	顯著性（雙尾）	平均差異	標準誤差異	差異的95%信賴區間 下界	差異的95%信賴區間 上界
假設變異數相等	30.9676	0.0000	11.5559	138	0.0000	58.3822	5.0521	48.3926	68.3718
不假設變異數相等			9.4631	59.3861	0.0000	58.3822	6.1694	46.0389	70.7256

我們也還可以進一步的比較平版印刷各個疊印層數（疊印三層、疊印四層與疊印五層）的讀寫距離，直接與網版印刷疊印一層之讀寫距離相比較，也仍然以T檢定來做為檢驗的方法。疊印三層之T檢定資訊請參考表4-2-52，疊印四層之T檢定資訊請參考表4-2-53，疊印五層之T檢定資訊請參考表4-2-54。疊印三層之T檢定

值為不假設變異數相等的11.2615；疊印四層之T檢定值為不假設變異數相等的8.8707；疊印五層之T檢定值為不假設變異數相等的7.3708，三種不同疊印層之顯著性也都為0.0000，明顯的＜ α （顯著水準）＝0.05，因此我們必須拒絕H_0而支持H_1，這表示在雪銅紙張方面，平版印刷分別在三種不同疊印層數上與網版印刷在讀寫距離上是有顯著差異的。

表4-2-52　雪銅紙張在平版印刷疊印三層與網版印刷讀寫距離之T檢定

讀寫距離	變異數相等的Levene檢定		平均數相等的T檢定						
	F檢定	顯著性	T	自由度	顯著性（雙尾）	平均差異	標準誤差異	差異的95%信賴區間 下界	差異的95%信賴區間 上界
假設變異數相等	14.7092	0.0003	9.3331	78	0.0000	74.060	7.9352	58.2621	89.8578
不假設變異數相等			11.2615	69.5160	0.0000	74.060	6.5764	60.9422	87.1778

表4-2-53　雪銅紙張在平版印刷疊印四層與網版印刷讀寫距離之T檢定

讀寫距離	變異數相等的Levene檢定		平均數相等的T檢定						
	F檢定	顯著性	T	自由度	顯著性（雙尾）	平均差異	標準誤差異	差異的95%信賴區間	
								下界	上界
假設變異數相等	17.5260	0.0001	7.3059	78	0.0000	57.7267	7.9014	41.9962	73.4572
不假設變異數相等			8.8707	67.9577	0.0000	57.7267	6.5076	44.7409	70.7125

表4-2-54　雪銅紙張在平版印刷疊印五層與網版印刷讀寫距離之T檢定

讀寫距離	變異數相等的Levene檢定		平均數相等的T檢定						
	F檢定	顯著性	T	自由度	顯著性（雙尾）	平均差異	標準誤差異	差異的95%信賴區間	
								下界	上界
假設變異數相等	40.9967	0.0000	5.7020	78	0.0000	43.3600	7.6044	28.2209	58.4991
不假設變異數相等			7.3708	49.3825	0.0000	43.3600	5.8827	31.5407	55.1793

三、研究討論

根據兩種印刷方式進行之實驗結果，並以統計的方法來檢驗研究假設的所得之結果，我們可以更進一步來進行分析與討論，而且也仍然分別以平版印刷與網版印刷個別的方式來探討，最後進行綜合兩種印刷方式的分析與討論。

（一）平版印刷實驗的研究討論

由平版印刷研究的實驗之過程與結果的數據，我們必須要了解到最終的讀寫距離的長短為何，這才是我們最為關切的，基本上因為效能的好壞以此為本，所以我們必須加以關注與多付出一些關愛的眼神。以下我們是根據印刷平版導電油墨印製在RFID標籤天線於特種張與雪銅紙張上，其印刷滿版濃度、導電電阻以及RFID標籤的讀寫距離等而加以論述。

1.平版印刷RFID標籤印刷滿版濃度量測的討論

我們根據量測RFID標籤天線之印刷滿版濃度在特銅紙張與雪銅紙張上的實驗結果，我們在此觀察中可以有以下的分析討論與心得，兩種紙張不同疊印層數的平均印刷滿版濃度值則請參考圖4-3-1。

(1)導電油墨印刷疊印在不同紙張上，確實是有的不同的表現。不論疊印層數之多寡，亦不論是在特銅紙張或是雪銅紙張上，其印刷導電油墨之平均印刷滿版濃度值大多落在0.2959到0.3753之間，特銅紙張在印刷滿版濃度之整體表現上，是要比雪銅紙張的表現要來的好。

(2)基本上特銅紙張的整體平均印刷滿版濃度比雪銅紙張來得高些，在疊印所有的五層當中，全部都有比較高的印墨平均印刷滿版濃度值，而在疊印三層、疊印四層與疊印第五層時，兩種紙張在印墨平均印刷滿版濃度值上的差異值皆超過了0.0500，疊印三層之差異為0.0556，疊印四層之差異為0.0538，而疊印五層之差異則為0.0560，還是以疊印五層之平均印刷滿版濃度值差異最大。

(3)在疊印第二層時的印刷滿版濃度值，兩種紙張都具有較低的標準差，換句話說在疊印二層時的印刷品質之穩定度是最優良。

(4)在兩種紙張疊印五層印墨的印刷中，疊印印刷滿版濃度值的增加是我們可以理解的，在特銅紙張的印刷滿版濃度量測時，我們發現在疊印到四層時，其印墨平均印刷滿版濃度值沒有增加反而下降了；而在雪銅紙張方面，則在疊印到三層時，就已經發生平均印刷滿版濃度值上不去而只有向下降。這類印刷滿版濃度不增反降，除了以標準差的觀點來看，其相差還是有限的，但從實際實驗的角度來看則有可能是「剝墨」情況的發生，也就是在疊印層數增加的同時，新疊印上去的油墨不但沒有將油墨轉移到被印材料上，反而將之前疊印上去的油墨給轉移走了，這或許是導電油墨的特性與一般油墨有所不同，而這樣的現象的發生，當然最有可能會發生在濕式轉印上（亦即前一層之油墨還未完全的乾燥，下一層油墨立刻疊印上去）。

(5)印刷滿版濃度值的增加，並不見得是疊印層數的增加而增加，因為有可能是導電油墨本身的最大濃度值是有其極限的，而疊印層數的增加，雖不盡然會增加印刷滿版濃度值，但卻仍然會使油墨的疊印厚度增加，這基本上還是我們最樂見的結果。

(6)疊印層數越多，基本上印墨的消耗也越多，而這消耗也可能未必轉移到被印材料上去，而可能是在墨滾系統上所消耗與所殘留的，但是平版導電油墨的價格並不便宜，甚至還不容易採購的到，也就是說油墨本身的耗費，會造成了整體支出的費用的大幅提高。我們的實驗結果是疊印層數越多，其RFID標籤的讀寫距離也越長，因此我們必須在印刷疊印層數（或是說印墨厚度）與讀寫距離之間要取得合理的平衡，而非只是一昧的只要增加疊印層數來增長讀寫距離為原則。

(7)我們也已觀察出在印刷放墨時，在疊印一層時所消耗的導電油墨是會比較大的，由於在印刷滿版濃度之數值的表現中，以導電油墨的疊印而言，在後面幾次的疊印中，其導電油墨的消耗量應該是會比較少的，因此在控墨與放墨上應該要有所調整才是，尤其特別要在第一疊印層之墨滾系統上多多注意，因為此確實是印墨控制與印墨墨膜厚度的關鍵所在。

(8)整體上看來，除了在疊印一層與疊印二層時的印刷滿版濃度值，增加的較為明顯之外，其他疊印層數的濃度值雖有增加或是降低，其差異性似乎並不明顯，但是在考量標準差時，印刷滿版濃度值的高低也都可說是在可以理解與誤差的範圍之內。

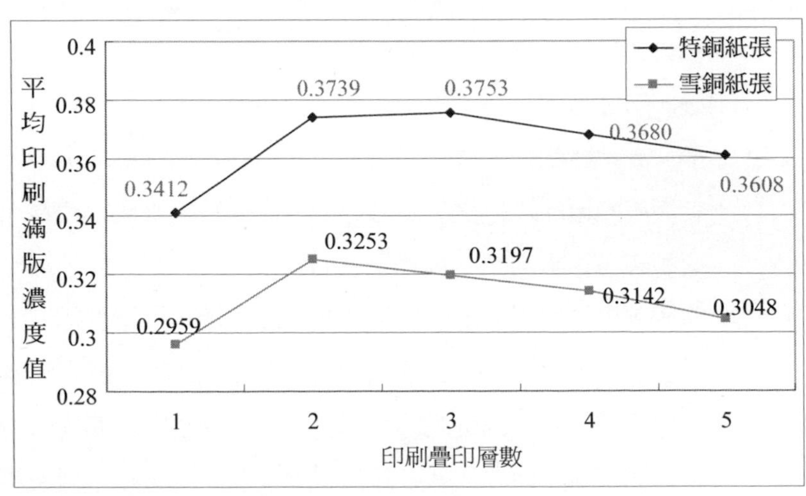

圖4-3-1　特銅紙張與雪銅紙張之印刷疊印層數與平均印刷滿版濃度變化之比較

2.平版印刷RFID標籤導電度量測的討論

根據量測RFID標籤天線之導電電阻值在特銅紙張與雪銅紙張上的實驗結果，我們可以在此項觀察中，可以有以下的分析討論與心得，兩種紙張不同疊印層數的平均電阻值則請參考圖4-3-2。

(1)導電性的優劣與否，基本上取決於電阻值的高低，在疊印一層時，其電阻值是無法被量測出來的，其電阻值是所謂無窮大的，也就是說並不具有導電性。而在印刷疊印二層時，雖然電阻值是可以被量測出來，但特銅紙張的平均電阻值高達202.4歐姆，雪銅紙張之平均電阻值則僅達66.7歐姆，在疊印三層到五層的特銅紙張之平均電阻值在75.8到41.5歐姆之間，而疊印三層到五層的雪銅紙張之平均電阻值則在29.1到16.8歐姆之間。我們可以觀察出雪銅紙張的電阻值明顯的比特銅紙張來的低些，換句話說雪銅紙張會比特銅紙張有較佳的導電性。

(2)電阻值是隨著疊印層數的增加而降低，不僅僅是如此而已，其標準差也隨著疊印層數的增加而下降，也表示著疊印的層數越多，其標準差也隨之降低，這代表著電阻值的穩定度是會隨著疊印層數的增加而越來越優良的。

(3)在疊印一層之後，電阻值在之後的疊印層數中就有了戲劇性的變化，因為有了明顯的降低，無論是特銅紙張或是雪銅紙張皆是如此。我們可以觀察到疊印層數越多，其電阻值是持續下降的，但在疊印超過三層以上之後，其電阻值的下降幅度則就越來越有限了。以特銅紙張而言，疊印三層時的平均電阻值下降了62.5%，疊印四層時的平均電阻值下降了32.1%，疊印五層時的平均電阻值則只下降了19.4%；雪銅紙張在疊印三層時的平均電阻值下降了56.4%，疊印四層時的平均電阻值下降了30.2%，疊印五層時的平均電阻值則只下降了17.2%。由此可知在疊印層越多的情形之下，其電阻值的下降幅度是有減緩的狀況的，我們還因此可以預知若是疊印到六層時，不但電阻值的下降有限，而且下降的百分比也是有限的，這似乎也是符合一般的期待。

(4)疊印二層之雪銅紙張的電阻值為特銅紙張電阻值的33.0%；疊印三層之雪銅紙張的電阻值為特銅紙張電阻值的38.4%；疊印四層之雪銅紙張的電阻值為特銅紙張電阻值的39.4%；疊印五層之雪銅紙張的電阻值卻為特銅紙張電阻值的80.8%。以雪銅紙張為標準時，疊印層數越多，特銅紙張的表現就比雪特銅紙張要來的好一些，尤其是在疊印五層時，一下子就上升到約八成左右，表示特銅紙張隨著疊印層數的上昇，比雪銅紙張疊印層數的上昇之表現要來的好，尤其是在疊印五層時。

(5)雪銅紙張隨著疊印層數的增加，其電阻值下降比例是越來越有限，從43.6%、69.8%到82.8%；特銅紙張疊印三層算是例外的37.5%，疊印四層與疊印五層則為67.9%與40.4%；特銅紙張與雪銅紙張之間是有些差別的。雪銅紙張的結果是比較符合期待的，隨著疊印層數的增加，電阻值的下降則越來越有限，但特銅紙張則似乎不容易判斷這趨勢的走向為何。

(6)在整體實驗的誤差上而言，雪銅紙張的標準差要比特銅紙張的標準差要低了許多，也代表著印製雪銅紙張，有較為容易達到對印刷品質與印刷適性的要求，因為品質的穩定性與一致性是比較夠的。一般而言，雪銅紙張的印刷適性本來也就比特銅紙張較為理想，而一般大眾對雪銅紙張的印刷品之品質也似乎較為滿意。

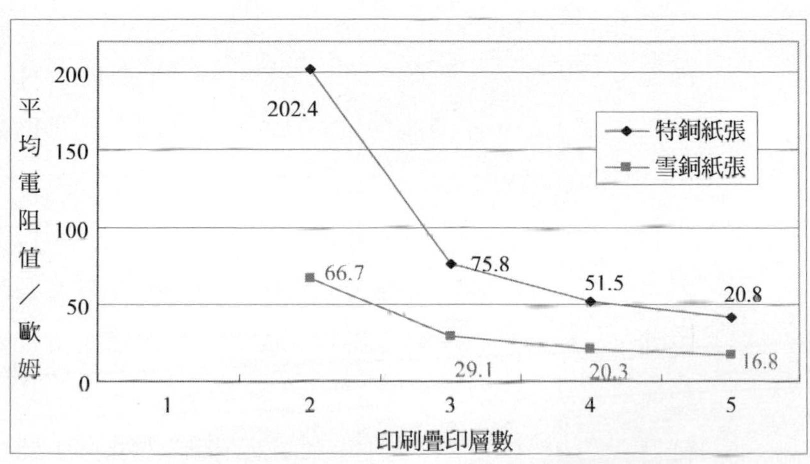

圖4-3-2 特銅紙張與雪銅紙張之印刷疊印層數與平均電阻值變化之比較

3.平版印刷RFID標籤讀寫距離量測的討論

而在量測RFID標籤天線之讀寫距離在特銅紙張與雪銅紙張上的實驗結果，我們可以在此項觀察中，可以有以下的分析討論與心得，兩種紙張不同疊印層數的平均讀寫距離則請參考圖4-3-3。

(1)我們可以很輕易的觀察出雪銅紙張的平均讀寫距離（約從49公分到80公分）比特銅紙張的平均讀寫距離（37公分到72公分）要來的長，也就是說雪銅紙張的整體表現較佳，有較好的讀寫效能，在不考慮RFID標籤內容的機密性的狀況下，讀寫距離越長，其可能的應用範圍也應該是越多樣的。

(2)疊印一層與疊印二層時，無論是特銅紙張或是雪銅紙張，因為其電阻值都過大，讀碼器根本無法讀寫RFID標籤內的IC晶片資料，而從疊印三、疊印四、與疊印五層的RFID標籤而言，不但能寫入IC晶片內的資料，而且也還可以讀寫晶片內的資料。

(3)我們也發現到，不管是特銅紙張或是雪銅紙張，在讀寫距離的表現上，基本上是與疊印層數呈現正向的線性關係，也就是說印刷疊印層數越多，RFID標籤之讀寫距離也就越長。

(4)特銅紙張的三種疊印層數中，其讀寫距離的標準差彼此較為接近，不若雪銅紙張離異性來的大，尤其是疊印三層時，其標準差居然有16.2之高，但是在雪銅紙張疊印五層時，其標準差卻大幅的降低到只有2.0左右而已。

(5)疊印五層的特銅紙張比疊印四層的雪銅紙張之讀寫距離表現要好，而疊印四層的特銅紙張也比疊印三層的雪銅紙張之讀寫距離要好。雖然被印材料的紙張不同，而明顯的呈現出，疊印層數的多寡在讀寫距離上，要比被印材料的不同要來的重要一些。

(6)在疊印層數增加時，特銅紙張與雪銅紙張之間的平均讀寫距離就越來越縮小，從12.1公分（疊印三層）、9.9公分

（疊印四層）到7.5公分（疊印五層），這似乎可以推測疊印層數越多，不同的被印紙張的差別，就越不是主要的差別與重點。

(7)另外我們也測試了Alien Technology之原廠的RFID標籤，其讀寫距離則高達2-3公尺以上，很明顯的與我們實驗研究的RFID標籤在讀寫距離上，有著明顯的差異，也就是說原廠的效能表現是相當的優良的，比起以平版印刷的方式還是要來的好很多。

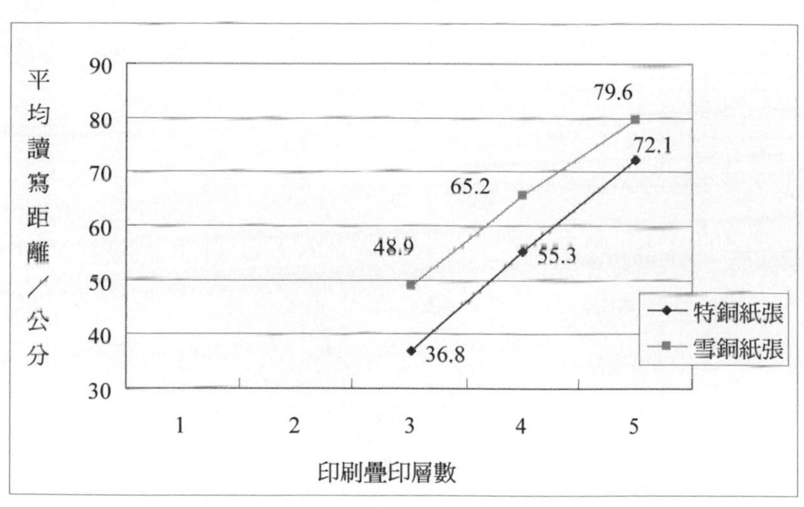

圖4-3-3　特銅紙張與雪銅紙張之印刷疊印層數與平均讀寫距離變化之比較

4.平版印刷實驗之綜合討論

由以上的實驗數據之結果，我們將特銅紙張與雪銅紙張間之疊印一層到疊印五層之平均印刷滿版濃度值、平均導電電阻值與平均讀寫距離之資訊呈現在表4-3-1，並可有綜合之觀察與發現如下：

表4-3-1 不同紙張與疊印層數之平均印刷滿版濃度值、平均電阻值與平均讀寫距離

	平均印刷滿版濃度值		平均電阻值（歐姆）		平均讀寫距離（公分）	
	特銅紙張	雪銅紙張	特銅紙張	雪銅紙張	特銅紙張	雪銅紙張
疊印一層	0.3412	0.2959	無法量測	無法量測	無法量測	無法量測
疊印二層	0.3739	0.3253	202.4	66.7	無法量測	無法量測
疊印三層	0.3753	0.3197	75.8	29.1	36.8	48.9
疊印四層	0.3680	0.3142	51.5	20.3	55.3	65.4
疊印五層	0.3608	0.3048	41.5	16.8	72.1	79.6

(1)誠如實驗所顯示的結果，在多色平版印刷的基礎架構下，印刷RFID標籤天線是絕對可行的，而RFID標籤讀寫距離效能之表現，也隨著不同的被印材料與不同的印刷層數而有些許的差異，而且印刷疊印層數越多，其RFID標籤的讀寫距離也就越長，其讀寫之效能當然也就越佳，基本上是印刷疊印層數的多寡與讀寫距離的長短呈現了正向的關係。

(2)我們所採用的Alien Technology原廠RFID標籤之讀寫距離，不論平版印刷疊印層數之多寡，其印刷之RFID標籤讀寫距離皆明顯的與原廠的RFID標籤有著倍數的差異，

但這並不代表平版印刷是個低效能的生產方式，其實這樣的結論式的詮釋都不見得適宜，雖然讀寫距離是一個很重要的因素來評斷RFID的效能，但不同的讀寫距離應該要有不同的應用才是。

(3)我們認為因應不同應用的需求，平版印刷可以決定以相同的RFID標籤，運用不同印刷疊印的層數，來表現不同讀寫距離的長或短，也因此可以搭配不同生產製程，來生產不同RFID標籤之不同讀寫距離，來滿足不同客戶之應用端的需求。

(4)印刷滿版濃度的數據，雖然並沒有隨著疊印層數的增加而絕對的遞增，但是在電阻值與讀寫距離上的表現，卻都是隨著疊印層數的增加而有較優良的表現，所以我們認為印刷滿版濃度值的高低僅可做為參考的數據而已。

(5)部分不同疊印層數之雪銅紙張的印刷滿版濃度值還低於特銅紙張，但是卻還可以被讀碼器所讀寫IC晶片內的資料，所以我們更進一步的認為不同紙張的印刷滿版濃度值，其參考意義可能是會有所不同的。

(6)電阻值的高低確實是與讀寫距離的長短，有著密不可分的關係，電阻值越高其讀寫距離越近，反之亦然。另外就算是電阻值是可以透過儀器來量測出來，但也並不表示此RFID標籤是絕對可以使用的。

(7)疊印兩層的雪銅紙張之電阻值（66.7歐姆），低於疊印三層的特銅紙張之電阻值（75.8歐姆），但卻無法以讀碼器讀寫RFID標籤IC晶片內的資料，換句話說，絕對電阻值的大小會因為紙張的不同而有不同的讀寫結果。

(8)我們從實驗的結果得知，紙張對最後RFID標籤讀寫距離有一定的影響程度，我們應該回歸紙張原本被製造的緣由，了解導電油墨被印在紙張上的特性為何，基本上導電油墨越能留在紙張之表面層，則似乎會使導電電阻之降低與讀寫距離之增長，也就是說身為印刷人的我們有必要在紙張的專門知識與常識上多下功夫，才有助於以平版來印製RFID標籤的價值。

(9)我們更進一步的認為最好能有廠商如國外的公司一樣，能在印刷機上加裝機上電阻量測儀器，並能將資訊告知印刷操作人員，或是在印刷之RFID標籤上作上記號，我們在印刷的時候就有機會預先知曉印刷RFID標籤的良率為何，也可以降低在後端放置IC晶片上的製作成本或是節省一些流程。

(10) 印刷不同的層數有了不同的讀寫距離而有了不同的應用，最重要的是可以只用同一種RFID的天線設計圖案、IC晶片的設計與相同的植晶技術，使得生產製程幾乎一模一樣，只有在前端的印刷有著不同的印刷層數與不同的被印材料而已，這樣的RFID標籤，才會因印刷而有了加值的功效。

(11) 在天線設計時，會因為被印材料之不同而有所考量，亦即被印材料有其表面的介電參數，我們可以說在此研究當中的RFID標籤天線較適合用在雪銅紙張，若要在特銅紙張上有相當的表現，其天線的形狀也許做些X軸或是Y軸的變形等一些小小的修正，倒也不見得需要重新設計一個嶄新的天線。

(12) 根據平版印刷之實驗當中的觀察，我們認為在印刷中控墨的精準是非常重要的，也就是說只要是在印刷時能控墨得宜，是可以改善RFID標籤整體的表現，甚至也可能降低生產成本與生產製程，可以有效的提昇生產的流程與產能。

(13) 既然在濕式油墨的轉移上可能有些許問題的產生，我們或許可思考如何應用紫外線（UV-Ultra Violet）的乾燥方式來進行印刷，但這油墨必須是UV的油墨才可以，在印墨的配方上可能較為繁複，而且印刷機必須要有紫外光的乾燥系統才可以。另一個思考方式則可採取紅外線（IR-Infra Red）的乾燥方式，而紅外線的方式是以熱能來乾燥油墨，而這樣的油墨是比較可以不需要經過特別的處理即可。又或者可以考慮以無水平版印刷的方式來進行，因為少了「水」的因素，印刷滿版濃度與油墨的轉移也許會有不錯的表現。

（二）網版印刷實驗的研究討論

由網版印刷研究的實驗之過程與結果的數據，我們在此做了兩種不同的RFID標籤天線，而最終的讀寫距離的長短為何，依然是我們最在意的，因為效能的好壞基本上以此為本，以下我們是根據印刷網版導電油墨印製在RFID標籤天線上之印刷滿版濃度、導電電阻值以及RFID標籤的讀寫距離等來加以論述。

1.網版印刷RFID標籤印刷滿版濃度量測的討論

因為我們做了兩種不同的RFID標籤天線，分別的在印刷滿版濃度值上加以敘述討論之。

（1）SHIH HSIN UNIVERSITY天線：

而我們印製此RFID標籤天線之後，在觀察三種不同乾燥方式之RFID標籤天線的印刷滿版濃度值（請參考圖4-3-4），我們可有以下簡單的看法：

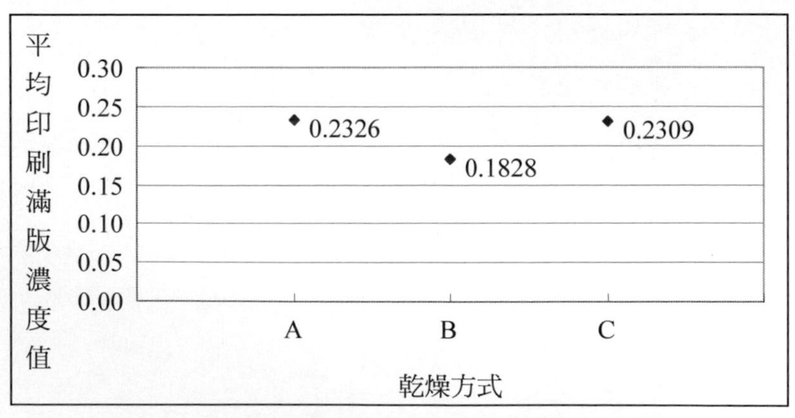

圖4-3-4　不同乾燥方式之平均印刷滿版濃度值

A.不同的乾燥方式確實是會對印刷滿版濃度值的表現有所影響，A乾燥方式的平均印刷滿版濃度值最高，且相對的較為一致，B乾燥方式的平均印刷滿版濃度值最低且其RFID標籤天線的印刷滿版濃度值最為離散。

B. 加高溫來乾燥RFID標籤天線的乾燥方式，對印刷滿版濃度值的增加，其實並不是正向的而是負面的，而且在B乾燥方式之直接加高溫乾燥，其印刷滿版濃度值的損失反而較多，竟然高達兩成以上，而RFID標籤先行乾燥之後再加高溫之，其印刷滿版濃度值的損失則較少，因此在取得較高印刷滿版濃度值的乾燥方式，還是以最自然的乾燥方式為佳。

（2）Alien Technology之天線：

根據印製RFID標籤天線於永豐餘150磅之特銅紙張與雪銅紙張的結果，其平均印刷滿版濃度值請參考圖4-3-5。我們印製後的乾燥方式與平版印刷的方式完全相同，是直接讓其RFID標籤天線自然乾燥，而有以下的討論。

圖4-3-5　特銅紙張與雪銅紙張之平均印刷滿版濃度值

A.網版印刷只需要印刷一次的情形之下就可擁有不錯的印墨厚度，就因為只印刷一次，而且只有兩種紙張的變化，所以算是比較容易掌控的實驗，其兩種紙張平均印刷滿版濃度值的穩定性還算一致且也算是相當的集中。

B.我們可以觀察出雪銅紙張的平均平均印刷滿版濃度值、最小平均印刷滿版濃度值與最大平均印刷滿版濃度值皆比特銅紙張的表現要差了一點，與平版印刷之狀況剛好是相反的，而其兩種紙張平均平均印刷滿版濃度值之間的差異也達10%以上。

2.網版印刷RFID標籤導電電阻值量測的討論

根據我們做了兩種不同的RFID標籤天線，在量測其RFID標籤天線導電電阻值之結果，我們可以有以下的觀察與討論：

（1）SHIH HSIN UNIVERSITY天線：

我們印製此RFID標籤天線之後，在觀察三種不同乾燥方式之RFID標籤天線的導電電阻值（請參考圖4-3-6），我們可有以下簡單的看法：

A.無論是以何種加高溫的方式，以高溫乾燥的方式確實對RFID標籤天線電阻值的降低是有幫助，而且最低還可降低達原來的1/3左右。

B.以B乾燥方式所得到的電阻值是最低最好的，而且量測的RFID標籤天線電阻值的一致性是最好的。

C. 以高溫乾燥方式的RFID標籤天線，似乎還可以降低導電電阻值量測的標準差，B乾燥方式與C乾燥方式的量測結果都比較集中。

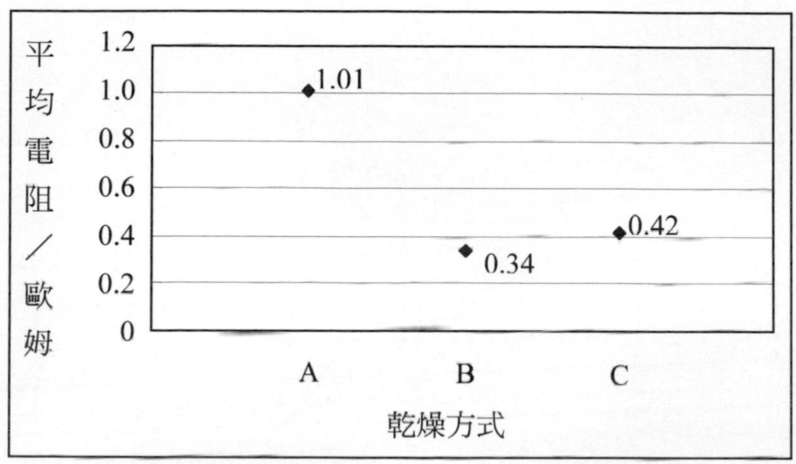

圖4-3-6　不同乾燥方式之平均電阻值

（2）Alien Technology之天線：

我們印製RFID標籤天線於兩種紙張上，其平均電阻值請參考圖4-3-6，其量測電阻之兩個端點與平版印刷之Alien Technology標籤相同，因此我們可有以下簡單的看法：

A. 電阻值的大小是越小越好，而雪銅紙張的平均電阻值、最小電阻值與最大電阻值皆比特銅紙張的表現要好一些，而且RFID標籤天線電阻值的量測，也比特銅紙張較為一致。

B. 兩種紙張在電阻的差異上，其實是不算太小，以雪銅紙張為

本的話，特銅紙張的電阻值則比雪銅紙張高約四成。

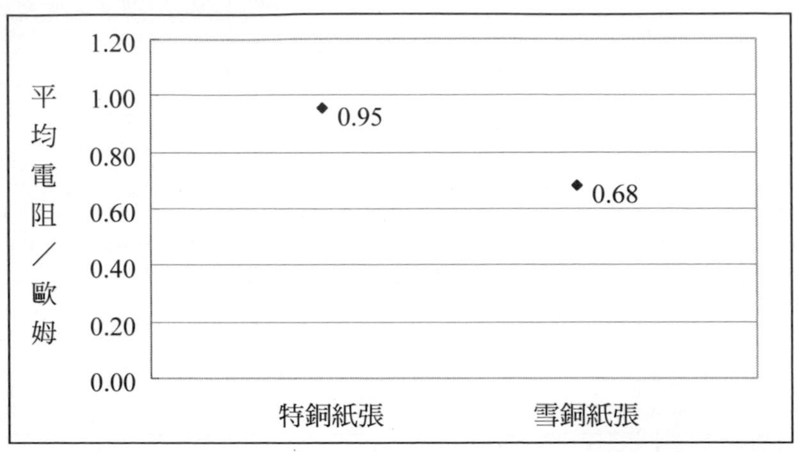

圖4-3-7　特銅紙張與雪銅紙張之平均電阻值

3.網版印刷RFID標籤讀寫距離量測的討論

既然我們做了兩種不同的RFID標籤天線，且在量測RFID標籤天線讀寫距離之結果，我們可以有以下進一步的觀察與討論：

（1）SHIH HSIN UNIVERSITY天線：

我們根據印製RFID標籤之三種乾燥方式在讀寫距離的效能表現（請參考圖4-3-8），進一步的可以有以下的討論與觀察：

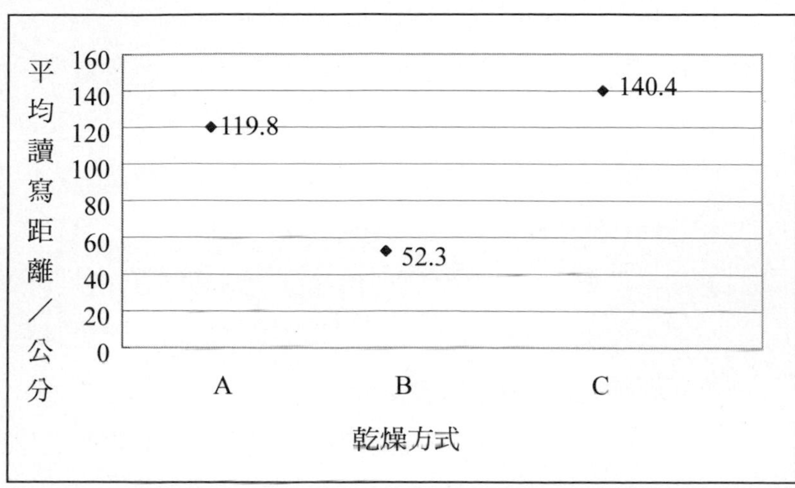

圖4-3-8　不同乾燥方式之平均讀寫距離

A. 以上三種的乾燥方式當中，已經有A乾燥方式與C乾燥方式等兩種乾燥方式的平均讀寫距離超過了100公分以上，在讀寫效能的表現上也算相當不錯了，其應用的範圍也已經算是有了相當大的空間了。

B. 在A乾燥方式中，不同的RFID標籤之讀寫距離上還是有不小距離上的差異，其最長與最短的讀寫距離間的差異還可高達100公分左右，而這都是在無反射波實驗室所作的結果，若是在其他有干擾的環境之下，其差異就有可能不會這麼的大，當然讀寫距離也不太可能這麼長了。

C. 在以烤箱加高溫的B乾燥方式與C乾燥方式，必須注意溫度與時間的控制，因為被烘烤的被印材料是紙張類的物體，對溫度還算是相當敏感的，溫度過高或是燒烤時間過長，都會損傷被印材料而導致RFID標籤失去效能。

D. 三種乾燥方式中效能表現最差的是B乾燥方式，平均也只有50公分之餘，也就是說若要增加讀寫距離時，最好不要直接將RFID標籤天線立即的加高溫，但是在讀寫距離的表現上相對於其他乾燥方式而言，卻是最為一致的，或說是最為一致的不理想。換句話說，RFID標籤天線最好是先以自然乾燥的方式處理，之後的後加工方式以增加讀寫距離的需要性，則端視之後應用的選擇而定了。

E. C乾燥方式的綜合效能的表現是最好的，但也是最為複雜與最耗費時間的，而且讀寫距離的差異也是最大的，最短與最長的距離的差異居然接近200公分，也著實令人訝異，此差異絕對是相當可觀的，因此標準差居高不下，因此必須要提高此類研究的實驗控制。而這C乾燥方式的平均讀寫距離的結果，顯示後加溫的方式確實是有助於讀寫距離的增加的，甚至還可以高達2公尺以上，已經很接近原廠RFID標籤的表現了，的確是相當的不容易。

（2）Alien Technology之天線：

另外我們印製此RFID標籤天線之後，我們在觀察兩種紙張之讀寫距離（請參考圖4-3-9）之後，可以有接下來的觀察與討論：

A. 特銅紙張與雪銅紙張等兩種紙張的平均讀寫距離均超過了100公分。

B. 我們已經可以明顯的觀察到是雪銅紙張的表現比特銅紙張的

平均表現要來的好，而且在雪銅紙張甚至最長的讀寫距離還高達200公分以上，甚至也接近了原廠Alien Technology所生產的RFID標籤，實在非常令人訝異，兩種紙張在此讀寫距離的表現上，遠比先前的平版印刷的表現要好了很多，實在想不到以網版印刷的方式還可以有如此的讀寫距離。

C. 在量測讀寫距離時，在不同紙張上的RFID標籤還是有不算小的讀寫距離上之差異，兩種紙張的個別最佳距離與最差距離之差異都可達100公分以上，尤其是雪銅紙張上的差異更大，其讀寫距離較不一致，所以在讀寫距離上的相關研究控制上，要更為謹慎小心才是。

D. 雪銅紙張在平均讀寫距離上要比特銅紙張長約20%左右，但最小讀寫距離卻比特銅紙張還要低了10公分以上，而在最長的讀寫距離又比特銅紙張高出了65公分以上。

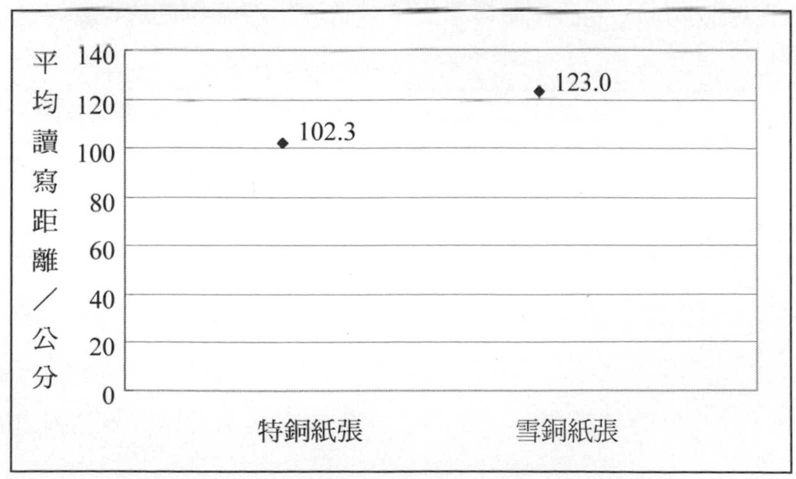

圖4-3-9　特銅紙張與雪銅紙張之平均讀寫距離

4.網版印刷實驗之綜合討論

由以上網版實驗之結果，我們將此雙銅紙張在三種不同乾燥方式之印刷滿版濃度值、導電電阻值與讀寫距離等資訊呈現於表4-3-2，而特銅紙張與雪銅紙張之印刷滿版濃度值、導電度與讀寫距離等資訊則呈現於表4-3-3，並可有以下之綜合觀察與心得：

表4-3-2　不同乾燥方式之平均印刷滿版濃度值、平均電阻值與平均讀寫距離

	平均印刷滿版濃度值	平均電阻值（歐姆）	平均讀寫距離（公分）
A-乾燥方式	0.2326	1.01	119.8
B-乾燥方式	0.1828	0.34	52.3
C-乾燥方式	0.2309	0.42	140.4

表4-3-3　特銅紙張與雪銅紙張之平均印刷滿版濃度值、平均電阻值與平均讀寫距離

	平均印刷滿版濃度值	平均電阻值（歐姆）	讀寫距離（公分）
特銅紙張	0.2631	0.95	102.3
雪銅紙張	0.2326	0.68	123.0

(1)誠如我們原先所期待的，網版印刷因為印墨厚度是四種印刷方式中最佳與最理想的，印刷一次就可以有相當不錯的讀寫效能，且比平版印刷疊印五層的效果還要理想的多很多。

(2)比較兩種RFID之標籤天線，在自然乾燥的方式上皆有超過100公分的讀寫距離的表現，雖然被印材料的紙張的歸類上略有不同，但都是以銅版紙張為基礎的紙張。

(3)由表4-3-2所顯示之資訊，「B乾燥方式」的印刷滿版濃度值是最低的，電阻值居然也是最低的，而讀寫距離也仍舊是最短的，這樣的結果是電阻值不能直接對應到讀寫距離，反而是印刷滿版濃度值卻對應了讀寫距離，這樣與我們的想法有截然不同的結果，這樣的立刻放入烤箱進行攝氏80度烘烤一小時的方式，與其他方式的實驗數據有著完全不同的結果。我們可以認為在RFID標籤的效能上，最好還是先以自然乾燥為佳，直接加高溫的乾燥方式是沒有正面意義的，但是在溫度與時間的彈性組合選擇上，若可能有不同的配合也還是會有所幫助。

(4)假設我們把「B乾燥方式」去除的話，整體網版印刷的實驗數據，不管是哪一種RFID標籤，電阻值是與讀寫距離呈現反向關係（這是可以理解的），印刷滿版濃度值與讀寫距離也部分呈現反向關係，但印刷滿版濃度值與電阻值則呈現正向關係，也就是說濃度值越低（但也必須達到一定程度的印刷滿版濃度值），電阻值也越低，但讀寫距離就越長，這是一項非常有趣的發現，相反的濃度值越高其讀寫距離也就越短，這樣的關係卻是與原本的概念有著完全相反的結果，在電阻與讀寫距離的關係上沒有疑問的，但印刷滿版濃度值與讀寫距離的關係卻是耐人尋味的，這反而讓我們質疑到印刷滿版濃度與墨膜厚度的關係為何？是否濃度到達某一特定的數值之後，印刷滿版濃度值的增加反而會是使電阻值不增反降，甚至也造成讀寫距離的下降，但這個解釋的印刷滿版濃度之臨界值，在我們的研究設計當中並無法找到，卻是值得去探究的。

(5)在以網版印刷的方式來進行量產，相對是比較辛苦的，因為其生產的速度是較不理想的，而且在控墨的方法上與版面的大小上也比較吃虧，但在讀寫效能上卻應該是佔有相當大優勢的，更重要的是網版印刷的方式應該比較適合少量的生產，比較適合客製化且小量生產的特性，是可以滿足特定客戶的需求。

(6)另外有一項非常有趣的發現，在SHIH HSIN UNIVERSITY的RFID標籤之B乾燥方式，其平均印刷滿版濃度值是最低的，標準差是最大的，而其電阻值是最低的，標準差也是最低的，讀寫距離是最短的，然而其標準差卻也是最低的。在電阻值與讀寫距離方面的印製的量測是相當穩定與一致的，而印刷滿版濃度值的量測卻又呈現完全相反的結果。

(7)在以烤箱加高溫加熱乾燥的方式，必須要特別注意溫度與時間的控制，因為被烘烤的被印材料是紙張與塑膠類的物體，對溫度具有相當的敏感度，溫度過高或是燒烤時間過長，都會損傷被印材料或是損傷RFID標籤的IC晶片，而使得RFID標籤失去其功能，但若是烘烤的溫度與時間不足，也會造成其結果的不明顯，這中間的平衡是要小心的掌握的。

(8)因為實驗經費的侷限性，我們的烘烤設備只是小烤箱，我們對溫度上的掌控是比較薄弱的，而在真正的生產線上的烘烤乾燥裝置也是比較侷限的，輪轉印刷機的裝置有高溫烘乾設備的存在，基本上是為了要解決印刷速度太快而必須快速乾燥所設計的，所以我們實驗出加溫乾燥對RFID讀寫距離是有幫助的結果，也只是為了加長讀寫距離，對是否適用在每一個RFID標籤上，是有必要討論的，誠如我們一再的強調，讀寫距離的長短並不是考量RFID標籤好壞與否的唯一考量標準，必須是考慮其成本與應用才是較佳的選擇。

(9)我們可由英文「SHIH HSIN UNIVERSITY」的天線圖案觀察得知，其形狀雖然不如一般所期待的優美，但是卻是一種可行的方案，當然可以修正其字型與字體大小等，而英文字之下有一條直線來連接所有的英文字，是必所謂必要之惡，對美觀上是會有所影響，但卻可以連接每一個英文字母而不會有「斷線」的危機，而導致無法產生共振達到讀寫RFID標籤的目的。

（三）兩種印刷方式之綜合研究討論

我們是以平版印刷與網版印刷方式來印製RFID標籤之天線，而且同時印製了Alien Technology所設計生產的標籤，另外我們印製的SHIH HSIN UNIVERSITY之RFID標籤天線，因為印製天線設計的不同且量測電阻值的天線距離長短皆不同，當然是不可相比較的，所以我們只能以Alien Technology之天線設計為本來做平版印刷與網版印刷方式的比較，雖然兩種印刷版式所使用的導電油墨是不同的，但皆由Flint Ink 公司所生產適用印刷在紙張上的Precisia Ink，可能在生導電油墨的技術是比較雷同的，由此來做兩種版式的比較，做更進一步的探討研究與整理。因為以平版印刷來疊印五層中，疊印一層與疊印二層的結果無法以讀碼器來讀寫RFID標籤IC晶片內的資料，故不納入兩種印刷版式的討論範圍之內。

表4-3-4　兩種版式在不同紙張之平均印刷滿版濃度值、平均電阻值與平均讀寫距離

	平均印刷滿版濃度值		平均電阻值（歐姆）		平均讀寫距離（公分）	
	特銅紙張	雪銅紙張	特銅紙張	雪銅紙張	特銅紙張	雪銅紙張
平印疊印三層	0.3753	0.3197	75.8	29.1	36.8	48.9
平印疊印四層	0.3680	0.3142	51.5	20.3	55.3	65.4
平印疊印五層	0.3608	0.3048	41.5	16.8	72.1	79.6
網印印刷一層	0.2631	0.2326	0.95	0.68	102.3	123.0

1.RFID標籤印刷滿版濃度量測之綜合討論

(1)平版印刷的印刷滿版濃度值要遠比網版印刷的印刷滿版濃度來的高，無論是特銅紙張或者是雪銅紙張都是如此，而且連最低疊印五層的RFID標籤天線印刷滿版濃度值，甚至還高出40%以上。

(2)當然網版印刷也可以採取疊印的方式來增加油墨的厚度，而且其效果也應該會比平版的疊印方式要來的高些，但是網版的套準性基本上還是比較差些，搞不好「畫虎不成反類犬」，因此其必要性是需要多多考量的。

2.RFID標籤導電電阻值量測之綜合討論

(1)平版印刷所印製的RFID標籤天線之電阻值，要比網版印製的方式的電阻值要來的大了許多，而且是高達數十倍的差距，而整體電阻值由高向低的走向，則由平版印刷之特銅紙張的疊印三層、疊印四層到疊印五層，再到雪銅紙張的疊印三層、疊印四層到疊印五層，之後才是網版印刷的特銅紙張與雪銅紙張。

(2)雪銅紙張的電阻值當然比特銅紙張的電阻值要低，在平版印刷部分的電阻值，雪銅紙張都不到特銅紙張的一半，網版印刷部分則還有72%左右。

(3)雖然兩種印刷油墨的生產廠商皆相同，但基本上其油墨特性還是有所不同的，而且電阻值的大小相差是非常的可觀，平版印刷的雪銅紙張之最佳值還是比網版印刷高出二十四倍之多，特銅紙張之差則更高達四十三倍之多。

3.RFID標籤讀寫距離量測之綜合討論

(1)網版印刷的讀寫距離的結果，遠比平版印刷的效果要來的好，不論是平版印刷疊印多少層或是使用何種紙張也都是如此。

(2)平版印刷之不同疊印層數與讀寫距離，其雪銅紙張的長度與特銅紙張的長度，會因為疊印層數的增加而有逐漸縮短其增加幅度的跡象，從疊印三層之距離差異為12.1公分，疊印四層之距離差異為10.1公分，到疊印五層之距離差異為7.5公分，而網版中特銅紙張約為雪銅紙張的83%左右。

(3)網版印刷在特銅紙張上讀寫距離的表現，比平版印刷疊印三層多出兩倍多，也比疊印四層多約近85%，也比疊印五層多出約42%；而在雪銅紙張上讀寫距離的表現，比平版印刷疊印三層多出兩倍半之多，也比疊印四層多約近88%，也比疊印五層多出約55%左右。

4.綜合研究討論

(1)綜合的觀察表4-3-4，網版印刷印製一層讀寫距離的結果，就好像有疊印六層、七層甚至是八層以上的平版印刷的結果，而這樣必須以平版印刷印上兩回才可以有此讀寫距離上的表現，但這樣的製程實在是繁鎖了些，的確有一些不划算，所以在選擇以何種印刷版式時，是需要仔細費思量的，但也不是以讀寫距離為唯一的考量，而是要多方面整體的考量來思考之。

(2)印刷滿版濃度值隨著疊印層數（在疊印三層以上時）的增加而持續的下降，電阻值也是一直的向下降，但最後的讀寫距離則是直線的上昇。若是按照比例來計算，網版印刷的讀寫距離的結果，就好像是以平版印刷疊印了十數層一般。

(3)平版印刷疊印層數的增加，其印刷滿版濃度值與電阻值的下降比例很高，但讀寫距離的差異則較為緩和。

(4)在黏貼IC晶片的兩個端點的兩個方向的天線設計上，最好能夠相對稱，因為其效能會有較佳的表現，但不論是英文或是中文的文字是不太可能絕對的對稱的。以文字當成天線設計的圖案，是絕對可行的一種想法，而在文字的字數與長短上也最好能夠一致，而且文字之間必須連接在一起，以便在效能上可以也較為優良的表現。

(5)事實上我們可以將以上所做的兩種印刷方式的研究，加以綜合或是互換研究的變項與條件，譬如說以平版印刷來印製文字形狀的RFID標籤，但仍然必須以多色印刷的方式來進行之，比較看看那種有較為傑出的表現。

(6)思考如何將高溫乾燥的方式，加入不同印刷方式之量產流程，因為我們確知高溫乾燥確實是有增加RFID標籤的讀寫距離，而要如何的規劃生產製程與動線，也是一種需要在成本上的增加與效能上的提升中，要如何取得彼此平衡的重要考量。因為烘烤設備的增加，對生產的流程上是會有所謂的負擔的。

(7)在印刷生產RFID標籤，速度是我們印刷業界的強項，而在如此生產的速度上要決定RFID標籤的良率，也是一個重要考量的因素，如果能在適當的印刷生產方式中加入以量測導電電阻值的儀器設備，率先過濾可能不良的RFID標籤天線，而在後端IC晶片的封裝植晶上，才會產生較佳的加工程序、增加生產良率與降低生產不良率的浪費，這的確對我們印刷業的量產有很大的幫助，但若是真正能控制生產的成本到非常低的程度時，這樣的設備的投資或是流程的增加，是否有其意義，則也是要加以認真討論的。

(8)有關電阻值量測有一點要特別注意，就是設計天線中黏貼IC晶片的兩個端點之間的電阻值，其電阻的高低決定了RFID標籤的效能的好壞，但其電阻的高低卻取決於此兩點的距離，不同設計的天線就算是以相同的製程，甚至有相同的印墨厚度，因設計上的差異與量測電阻的端點的不同，當然會產生不同電阻值的結果與效能，而我們量測出來得電阻值與讀寫距離的關係是相對的而非絕對的。

(9)我們可以以不同的乾燥方式（自然乾燥以及高溫乾燥等）來嘗試增加RFID標籤的效能，而我們使用的被印材料為紙張，對高溫承載程度較高，但若是被印材料是塑膠類製品，則對溫度高低與乾燥時間長短的控制必須要更加的小心謹慎，我們在以網版印刷印製前測的加高溫乾燥時，對溫度的掌控就曾經不夠小心，而造成紙張有烤焦變黃的現象，似乎對RFID標籤天線的電阻值與讀寫效能的影響並不明顯，但仍然需要警慎以對。

(10) 兩種印刷方式印製相同的Alien Technology之RFID標籤，且由相同公司所生產的導電油墨，雖然應用在不同的印刷版式，但其邏輯與大方向應該是雷同的，當然以網版印刷的方式，其導電油墨殘留在印刷網屏與刮刀上較少，且也較為容易來回收與控制，似乎在計算成本上佔有優勢，而平版印刷之導電油墨較不容易回收而導致高成本油墨的浪費，成本上的效益似乎較吃虧，這則必須透過更精準的管控與計算，才能得知哪一種印刷方式較佔成本上的優勢。

(11) 我們量測了RFID標籤濃度值與電阻值，是可以讓後續的研究有向，尤其是在量化的數據上可以作為參考的依據，但電阻值的量測，其資訊的數據僅僅能提供印製相同天線的參考而已，因為印製不同天線與天線量測距離的長短，都會影響RFID標籤效能的表現，雖然已不同的印刷方式印製RFID標籤，但是彼此的電阻值卻是可以提供作為借鏡的。

(12) 事實上我們最希望能找出相同RFID標籤天線設計上，印刷滿版濃度值與標籤讀寫效能間的關係，因為我們印刷必須使用濃度計來進行優質化生產的機會甚多，而且是印刷生產之必備設器，若是能在印刷線上生產時，或是在印刷時印刷師傅抽出印樣時來量測濃度一般，則對RFID標籤效能的預測是會有相當大的幫助的。

(13) 印刷滿版濃度值的高低在不同印刷方式有明顯的不同，因為在不同印刷版式的導電油墨會導致不同紙張吸收油墨的不同，也因為導電油墨的組成不同而有此不同的表現。

(14) 紙張具有吸墨性，不同紙張也具有不同之吸墨性，不同的被印材料有所謂不同的介電參數，亦即當天線在設計時，除了就天線頻率與應用項目的選擇之外，還必須要考慮到其被印材料的特性，是否可以完全的與設計的天線相匹配。

5 研究結論與建議

經過這一番一系列的研究，我們的確可以從研究中增長了不少的見識、知識與經驗，很值得向印刷相關業界的前輩先進來分享此項成果，除了對印刷業界可能可以有實際生產上的產值與持續的讓印刷相關業界有著業績成長之外，最終是希望產業界都能對研究多付出一些關懷和關注，甚至能提供學界叫好的研究環境以及經費上的支持與贊助，或是可以互補彼此的缺點與優勢，將業界與學界甚至是政府的相關主管機關的合作，不在是流於口號的打哈哈般的進行整合，而是實際的認真被執行著。

一、研究結論

（一）平版印刷實驗的研究結論

1.印製RFID標籤於銅版紙張與雪銅紙張的效能：

首先平版印刷的確是一種可行的印刷方式來印製RFID標籤，而且不同的紙張對RFID標籤的效能是有絕對影響的。150磅重的特銅紙張最後在RFID標籤讀寫距離的整體表現上，要比150磅重的雪銅紙張要來的差一些，而RFID標籤在導電電阻值的量測上，則與讀寫距離的表現呈現正向的關係。RFID標籤在讀寫距離上，比較需要複雜的程序才能進行量測，首先要將IC晶片黏貼於RFID標籤天線上，還需要經讀碼器來讀寫IC晶片內的資料，才能量測其讀寫距離，而量測RFID標籤天線之導電電阻值要方便不少，所以使用三用電錶來進行RFID標籤天線導電電阻值的量測，是可以事先來降低RFID標籤不良率的參考指標的方法之一，但我們必須強調的導電電阻值並不是唯一的參考指標，而且量測天線的長短與其電阻值的大小是有關係的，所以在選擇RFID標籤天線量測電阻值的兩個接點時，是要謹慎以對的。

2.以平版印刷來進行疊印多層導電油墨之RFID標籤的效能：

印刷疊印的層數的的確確對RFID標籤的效能有明顯且正向的關係，換句話說，疊印層數越多的RFID標籤其讀寫距離的表現就越長，但是多少疊印層數才是夠的呢？這就要看終端的應用是什麼了，雖然說疊印層數越多其讀寫距離就越長，但是疊印層數的增加，也同時代表著需要導電油墨更多的消耗，而且疊印層數的再增加，其讀寫距離的增長也越來越有限了，導電油墨的使用量與其價格的連動性相當高，增加一點的讀寫距離卻要付出相當實際金錢的代價，這中間的拿捏確實是成本考量上的重點，而且讀寫距離的長短與最終RFID標籤的應用，才是真正見真章的地方。

（二）網版印刷實驗的研究結論

1.以網版印刷一次導電油墨之RFID標籤的效能：

網版印刷在此研究並沒有疊印層數的問題，只印刷一層網版導電油墨於銅版系列的紙張上，這RFID標籤（Alien Technology之RFID標籤）讀寫距離的表現，就已經相當不錯了，而且遠比之前平版印刷疊印多層之RFID標籤，在讀寫距離上的表現還要優異許多，這顯示了網版印刷會是一個可以生產較長距離之RFID標籤的印刷方式，雖然其平均讀寫距離在特銅紙張上有102公分，在雪銅紙張上更長達123公分，若是還覺得不夠長，則還可再加多疊印層數或是增加印刷時之放墨量（例如改變刮刀的印刷角度等），使得印墨厚度的增加，基本上就可以增加此標籤的讀寫距離了。

2.在以網版印刷完畢之後的RFID標籤，高溫烘乾RFID標籤的效能：

在以印製SHIH HSIN UNIVERSITY之RFID標籤的研究中，高溫烘乾RFID標籤，確實是會改變其讀寫距離的效能，但這樣的溫度是使RFID標籤的讀寫距離增加了還是減少了，還是很難從此正式實驗的研究中直接得知的，因為我們在此研究的前測當中，已經知道絕對的高溫並不會使RFID標籤的讀寫距離增長，甚至烘乾的溫度過高，其讀寫距離反而會有不增反降的情形出現，因此溫度的高低還是必須透過更多的實驗來驗證之，但是這對RFID標籤讀寫距離在效能上是有影響的，雖然網版印刷的印刷油墨厚度是足夠的，可是相對乾燥的時間也會比較長一些，而且還同時也增加了生產作業的流程、複雜度與時間，是典型的「有一好就沒有兩好」與「魚與熊掌不可兼得」的情況。

3.不同乾燥方式RFID標籤的效能：

在我們印製SHIH HSIN UNIVERSITY之RFID標籤的三種不同乾燥方式的研究中，不同的乾燥方式也確實會改變RFID標籤讀寫距離的效能，但同樣的有加高溫乾燥的方式中，卻使RFID標籤讀寫距離出現南轅北轍的結果，在印製完畢之後立刻加高溫乾燥的方式，其讀寫距離卻遠比自然乾燥的方式還要短了一些，另外的乾燥方式是先自然乾燥之後，再加高溫乾燥後之讀寫距離，卻又比自然乾燥方式之讀寫距離有較好的表現，所以RFID標籤讀寫距離會因不同的乾燥方式而有變化的，這樣乾燥方式的選擇一定要有正面的意義，否則增加了製程卻又得不到增加讀寫距離的好處，才真是賠了夫人又折兵與事倍功半的作法，因此我們一定的要做出明智的決定，選擇正確的乾燥方式，才可以增加RFID標籤的讀寫距離，以期達到此舉動的目的。

二、研究建議

我們做此類RFID的研究也已經有兩年的時間了，但大多因為經費不足的問題而遲遲未能有效率的精進之，但也真正的從此跨領域的研究當中，學習到了不少寶貴的經驗、專業的Know-How與跨領域的知識，希望我們對以印刷的方式來印製RFID標籤的努力，可以開啟業界先進與前輩們對此類型研究的興趣，望在此之後能有更長足的進步與發展。

（一）對印刷相關業界的建議

1.對平版印刷的建議

(1)在我們國內最大宗的印刷方式就是平版印刷，相關從業的人員也最多，但是平版印刷的產值，似乎卻不一定是一枝獨秀的獨占鼇頭，這則是相當令人惋惜與沮喪的，尤其是在現今文化印刷產業上，在出版相關業界漸漸因為數位出版品的逐漸抬頭，而對實體出版品的發行數量與種類有了向下修正的趨勢，當然對以文化出版為主的相關廠商起了非常微妙的變化，而這變化對我們卻不是件好消息，但危機或許就是我們的轉機。所以這相關的印刷單位必須要有所思考來因應此番的變化，進而可以針對RFID的未來性，做通盤的整理與做進一步的研究，是否真正的可以進行轉行，對內部進行再造工程（Re-Engineering），以便能增加本身專業領域的水準，來面對未來更具挑戰的競爭。

(2)好好的彙整並實際的參與任何一項平版印刷與RFID或是與平版金屬導電油墨有關的應用領域和訊息，積極參與

RFID相關產業所舉辦之研討會等，尋找相關行業平行整合的機會，更需要上、下流之異業行業作垂直整合的機會，尤其是物流業與大賣場相關的領域，或者甚至是以平版印刷的角度與方式，來進行RFID光碟片生產的行列。

(3)對平版印刷的印刷優勢，我們必須要能知己知彼才可以百戰百勝，對自己本身技術必須要再精進，而且要隨時知曉並能應變在生產上可能會發生的情況，來降低錯誤率的發生與提高品質的良率，進而要充分了解可能的加工流程，以便增加平版印刷的附加價值或是不可被取代的獨特性。

2.對網版印刷的建議

(1)網版是最具備有高度彈性的印刷方式，也就是說應該是最具有高度組合性與綜合性的方式，誠如我們所知的，加工的過程越是冗長，其複雜度與耗損越是會提高，其良率當然也會降低，但附加價值也應該是會相對高的多，對廠商的利潤而言，絕對是可以期待的。在我國網版印刷業界的生產彈性、應變能力與價格上還算是相當具有競爭力的，應該要好好的藉由此項特異功能來好好的發揮之，尤其是對岸等勞動工資更低的國家，在未具備有足夠與良好的技術之前，要盡快的進行卡位與緊緊的把握此機會。

(2)應充分掌握網版印刷的優勢，以更簡化生產的流程、更經濟實惠的價格、更多樣的加工組合、更快速的應變效益等，多多爭取客戶的信任與合作的機會，並將原本的劣勢轉化為可以運用的強項，畢竟網版印刷在很多生產與應用產品上的領域是無法被取代的。

(3)應該在網版印刷的速度上、產能上與印刷品質之良率上多多著墨，這樣才可以針對特殊要求的客戶提供更為客製化的服務，以期能滿足與符合客戶的需求。

3.對印刷業界綜合的建議

(1)在未來的趨勢應該是存在著「大者恆大，小者恆小」的現象，大公司提供的是Total Solution與所謂的One-Stop Shopping，而小公司則必須要掌握住關鍵的技術才是。另外未來應該會以更為分工的步伐來前進，這勢必是要大家共同來完成一項產品或是服務，每一個細節部份都必須做好本業的研究與開發，絕對要顧好自身的技術本位，才可以提供本身不可或缺的技術，以便與其他專業整合在一起。

(2)可以使用不同的印刷方式來嘗試印製RFID標籤，也可以用多種印刷的方式來印製RFID標籤，以及使用不同的加工作業方式，而結合多種印刷方式於一個生產線的做法，已經為各主要印機設備廠商所致力發展與推廣的，這對大客戶與大規模廠商也是不得不走的道路了，這樣一來應可以增加整體印刷的產值以及附加價值。

(3)印刷雖然是一項有歷史的技術與行業，但是卻需要不斷的創新甚至不斷的嘗試與錯誤。所以我們更應積極嘗試研究不同的印刷製作流程，找出最具成本競爭力與最有效率的生產製作流程，更或是找出最單一的生產製作流程，將所有的生產流程製作成標準作業程序（Standard Operation Procedure: SOP），甚至還可以申請專利等，如此更可增加產業的研發與生產能量。

(4)誠如我們所提及的，RFID標籤天線的印製，只佔有整體RFID標籤中的一小部份，而後端的封裝植晶晶片部份，是絕對可以思考著如何以傳統印刷加工的方式，或是加入一些創新的構思，來思考以何種印刷方式來結合之，以便增加整體印刷生產RFID標籤的附加價值與降低生產流程的複雜度。

(5)積極尋求並爭取其他業外領域的合作機會，不論是學術界或是業界，甚至政府機構與相關研究單位，例如通訊、化工材料與資訊科技業領域，或是中研院、資策會與工研院等，進而建構出跨領域的研究團隊和模式，並建置一個合作的平台機制，以便共同創建往後合作互利的基礎，而一起共同來努力。

(6)印刷學界的資源已經相當的有限，必須仰仗著業界給我們不斷的鼓勵與支持，共同為整個行業來一起努力，提供教師與學生一個可行的研究環境，並支持學者作新的研發與創新，也期待建立一套共同分享互利的機制，這樣印刷業才會有較好的明天，而不是淪落在一個惡性的循環之中，而且絕對要增加彼此的互動與溝通，甚至定期的舉行有建設性意義的座談，而學生或是專業人才的培訓，是要大家一起下功夫來培養的。

（二）對印刷材料業界的建議

1.對被印材料業的建議

(1)對大宗印刷的被印材料中，紙張佔有一席之地的，絕對會與金屬導電油墨有著絕對的相關性，並希望在紙張生產與印刷時的印刷適性上要有所突破，而耐高溫與耐濕度等對抗惡劣環境因素材料的開發，也要思考何種要素是對導電油墨最具影響力的。

(2)在被印材料之塑膠方面，也一樣的要考慮和導電油墨搭配的問題，雖然在一般印刷當中較少使用到塑膠類的材質，但這絕對是可以思考的新搭配。我們當然極力建議相關業者，研發出更適合導電油墨特性的塑膠類材質，甚至其他材質的被印材料等，而使得導電油墨附著其上時之導電特性的提高，進而使得RFID標籤的效能能夠提高，以便適合用於多種不同的應用。

(3)在設計與製造產品時，必須要考量其材質的特性，以便能在生產時將印製RFID標籤天線的印刷，納入考慮的範圍之內，這樣應可以降低生產的複雜度與流程。

2.對油墨製造商的建議

(1)應可以加強導電油墨的研發，不論是導電金屬或是可以導電的碳（石墨），除考量導電度之外，其油墨製造的成本與導電油墨的印刷適性，都是必須考量的議題。

(2)可先針對某一種印刷版式的油墨進行研發，除了導電油墨本身的問題之外，乾燥方式與乾燥溫度等間接的問題，也要認真的研發並加以考慮。另外再針對不同的印刷方式而有不同油墨的研發與設計，尤其是是否可研發印刷一次或是少次疊印的方式，而仍然可產出可用的RFID標籤，且還仍有可以應用的範疇。

(3)導電油墨的研發還要考慮到被印材料的材質問題，例如紙張與塑膠的特性就會有所不同，這恐怕要直接的和被印材料廠商做進一步的詢問與合作。

3.對其他相關業界的建議

(1)在封裝植晶的材料上，也可以多加考慮如何開發新的技術與新材料，來增加整體封裝植晶的效能，與降低整體的生產成本，或是降低單一生產RFID標籤的成本。

(2)RFID標籤的黏附於其他物體上的黏性膠水等的研發，而且要以不會造成紙張類或塑膠類貼紙上的RFID標籤之干擾為原則。

(3)針對黏貼IC晶片於RFID標籤天線上的金屬膠水（銀膠）

的研發，以求價格的降低，並配合整體生產成本的降低。

(4)IC晶片的價格也與其大小有密不可分的關係，晶片代工廠商對新製程與新技術的研發不遺餘力，這也會對RFID早日符合低價的期待提早降臨，但是晶片太小時，也同樣的會造成IC在植晶上的困難度，所以IC晶片大小與封裝植晶的問題，必須要同時來考量。

(5)可以考慮研發具導電特性的被印材料，可利用印刷的原理，保留天線的線條圖形，就有如印刷電路板的概念一般，或是與蒸鍍雷同的生產方式亦可。

(6)其他領域業界可以一同的印刷業界進行合作，例如材料工程與化學工程等相關領域的專業領域，共同配合與開發新的材料，來因應未來可能的變化與需求。

（三）對後續研究之建議

1.對平版印刷之後續研究建議

（1）可以增加不同研究變項進行研究：

事實上在整體的研究當中，絕對有相當多的研究變項可以來加以探討，可以了解在不同的研究變項之中，尋找出較佳的生產方式以及較符合成本效益的生產製程與方式。我們只針對其中的部份提出建言來進行研究的工作：

A. 可以針對不同公司或單位所生產的導電油墨。

B. 針對不同種類的塗佈紙張、非塗佈紙張以及不同基重的紙張。

C. 針對不同種類的塑膠材料與不同厚薄的塑膠材料。

D. 可以採用不同的乾燥方式、不同的乾燥溫度與乾燥時間，來量測是哪一種有較優異的表現。

E. 選擇多種不同頻率的RFID標籤。

F. 以不同廠商所生產讀碼器來讀寫RFID標籤來判別其差異性為何。

G. 以讀碼器採取不同讀寫RFID標籤的角度，並以不同物體來阻擋於讀碼器與RFID標籤之間，進而了解讀寫距離的差異性。

（2）以生產出不同變項的RFID標籤進行效能的比對：

我們可以針對使用不同研究變項所生產出的RFID標籤，進行效能的比較，還可以用其他印刷方式所生產之RFID標籤，來比對平版印刷印出的RFID標籤，比對出彼此之間效能與效率上的差異，可找出最適當與最具經濟效益的方式來對應不同的應用以及生產方式。

（3）可以與國內印刷材料業界合作：

結合不同的印刷方式、油墨與被印材料，之後要有不斷且聰明的嘗試與錯誤的研究進行著，找出最適當的製程與生產流程。

（4）連結現有生產線以增加附加價值：

研究可否結合現有的生產作業模式，在新加上的生產方式而作所謂的連線生產，以便增加其整體的附加價值與降低繁瑣作業流程，甚至還可以申請專利來創造並增加印刷廠本身的價值。

（5）印刷適性的研究：

可以研究平版印刷在多色印刷時剝墨情形的產生，印刷滿版濃度變化的升高與下降，乾燥方式、乾燥時間與乾燥溫度之的關係是否合適，印刷適性的問題還包含被印材料與導電油墨在與前述問題的排列組合等，有必要研究要如何的克服之，以便找出最適切的量產製程。

（6）利用不同的平版印刷機來印製：

可以利用不同類型的平版印刷機來進行相同或類似的研究，例如利用無水平版印刷機，因為少了「水」的干擾與影響，在油墨的管控與導電油墨轉移到被印材料的效果是如何，另還可以用小尺寸的印刷機進行之，或甚至可以使用機上製版的印刷機（Computer-to-Press），直接來進行印製RFID標籤天線的工作。

2.對網版印刷之後續研究建議

（1）選擇不同的研究變項：

當然在網版印刷當中，也還是有很多的研究變項是需要去探究的，例如網版印刷所使用的刮刀，其印刷時的角度、刮刀的材質、刮刀的硬度與刮刀的形狀等，網屏相關的網線的目數、網線角度與材質，乾燥方式、乾燥時間與乾燥溫度的設計與排列組合，甚至印刷時版距的高度等。

（2）可以針對多種不同頻率的RFID標籤進行研究：

當然網版印刷也可以進行不同設計用途與不同頻率的RFID標籤之研究，但不可否認的是網版印刷在精細與細緻度的要求上，無法達到其他印刷方式在品質上的要求的，這是在研究與生產上要充分考量與瞭解的，有了清晰的概念，才不會有過度與不切實際的期待。

（3）可以針對大型或是小型網版印刷機來進行研究：

誠如我們所知的，網版印刷機應該是所有印刷方式中最具彈性的方式，但也可能是最不具量產能力的方式，網版印刷機的大小更具有差異，網版印刷機的進入門檻算是最低的，可印製RFID標籤的面積也有著彈性，但大面積版面來印製RFID標籤的良率是要考量的，因為在網屏周邊的RFID標籤的讀寫效能可能會有所影響，我們可以進一步的分析不同區塊的RFID標籤的讀寫距離，進行效能的歸納整理，找出相同的印製過程中的RFID標籤，在不同讀寫距離的RFID標籤上，應用於不同生產區塊的RFID標籤，在不同的產品與服務上，換句話說，網版有可能同時生產不同應用範圍與領域的相同天線圖案的RFID標籤，以利適合不同產品的生產，這恐怕是將網版印刷的缺點轉換成另一種優勢的契機。

（4）以多重印刷彈性生產方式來增加網版本身的附加價值：

網版印刷機可以從事最多變化與多樣的生產，當然也有其相當多的專業之處，我們相信可以利用此項特性，多多結合不同印刷方法，找出多層次加工的方式，以一次到位的一貫性的生產方式，將客戶所委託之印件商品、產品與服務等，直接處理完畢，這般的作業除了可以增加所謂的附加價值，更可以增加與提高實際的利潤。不可否認的，要完成這樣的想法，是確實要真正有完善了解各種網版印刷的生產方式與方法的專業人士，尋求擷取這些方法的優點，結合出一套特定的生產作業流程來適合某些特定的商品等，再進而可以申請相關專利，而專利的申請是我們印刷相關業界的弱點，在仔細了解專利相關的事宜之後，我們印刷先進與前輩們的確是可以加強也一定是可以做得到的。

3.對綜合印刷的後續研究建議

（1）可以針對多種不同頻率的RFID標籤進行研究：

我們可以以低頻、高頻與超高頻等不同頻率的RFID標籤，以相同的印刷方式與相同作業生產流程來進行研究，甚至配合著不同印刷方式交叉互換的方法來進行生產，再配上原本RFID標籤所對應的IC晶片，來了解我們所製作的RFID標籤與原始的RFID標籤的之間的差異，也可進一步的了解到底是哪一種的印刷方式較適合哪一類型RFID標籤的生產，其不同的印刷方式與原始的RFID標籤效能之間的百分比為何，進而可以知曉我們的生產效能的好壞，再加上以不同的應用，來配合其不同印刷方式所生產出不同讀寫距離長短的RFID標籤，來進行後續的生產活動。

(2) 跨不同專業領域之學界系所進行合作之研究：

結合學界的力量，可以由通訊、資訊工程、資訊管理、化學工程、材料工程與印刷工程等相關系所率先啟動，透過國科會的跨領域研究的申請機制，可以先由最相關之兩個領域開始，皆著數個研究案可以共同進行研究與開發，一步一步的再走向結合更廣的跨領域研究，如此可以造就台灣的另一個天地，對研究人員的訓練與學習也絕對有正面的效用。

(3) 文字天線的設計：

由學者所思考的以文字的方式來設計RFID標籤天線的圖案，確實是一個有趣且可行的概念，除了可改用不同的字型、字體與大小之外，還可嚐試以中文的字體來設計，而中文亦有字型與字體大小的不同選項。對某些單位、組織與公司而言，甚至可以想想如何融入英文或是中文字型的RFID天線於本身的Logo設計，或也可以重新設計公司、單位與組織的Logo，至於頻段的選擇就必須看其應用與用途而定了，而並不一定有其特定的模式，這或許也是一個很有趣的想法與頗值得去執行的專案。

（4）針對乾燥方式的研究：

因為乾燥方式的確對RFID標籤效能上是會有一些影響的，不同的乾燥方法、乾燥溫度與乾燥時間等，都可能會對RFID標籤的讀寫距離產生變化與影響，最好可以找出單一RFID標籤效能的最佳化表現，甚至能建立與應用在實際生產製程的SOP。事實上要能印出可以使用的RFID標籤並不是件難事，真正具有挑戰性的是每一次以相同製程來印製RFID標籤，其讀寫效能都能是非常一致的（或是在設定的標準誤差範圍之內），這才是從事大量生產的最高境界也。

（5）針對不同的導電油墨進行研究：

不同的導電油墨必需要進行測試，可以針對不同印刷方式進行導電油墨的搭配，可以嘗試找出最具經濟效益的導電油墨、印刷方式、被印材料與特定RFID標籤的絕佳組合。

附錄

附錄A

特銅紙張疊印一層至疊印五層之印刷滿版濃度值之常態分配曲線圖

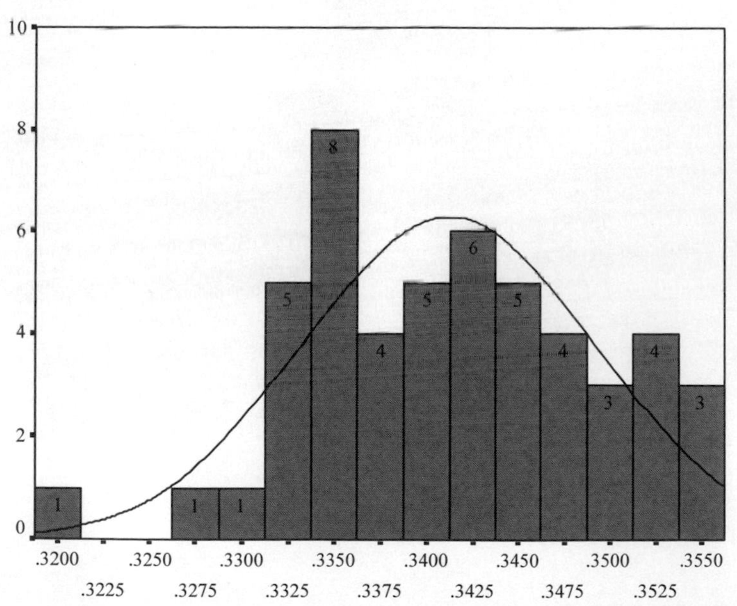

特銅紙張疊印一層之印刷滿版濃度值之常態分配曲線圖

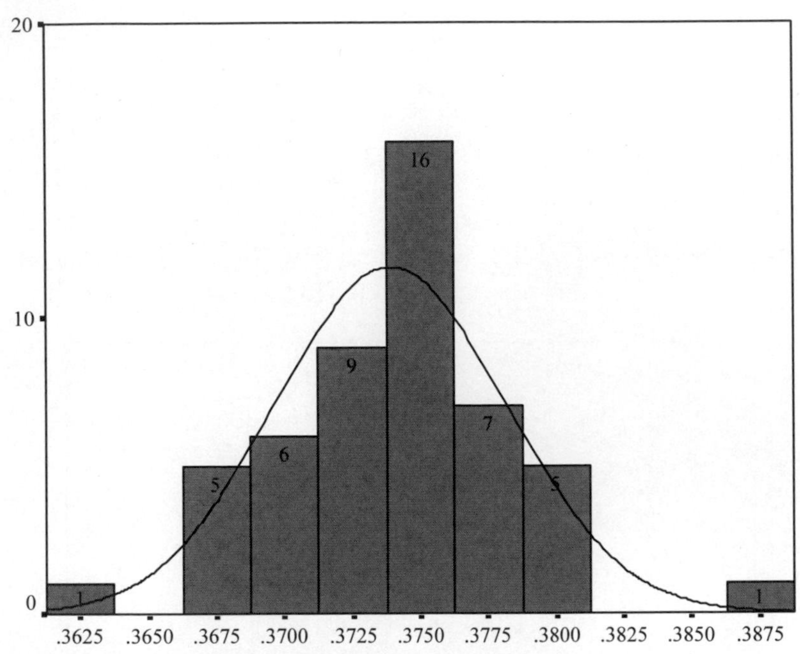

特銅紙張疊印二層之印刷滿版濃度值之常態分配曲線圖

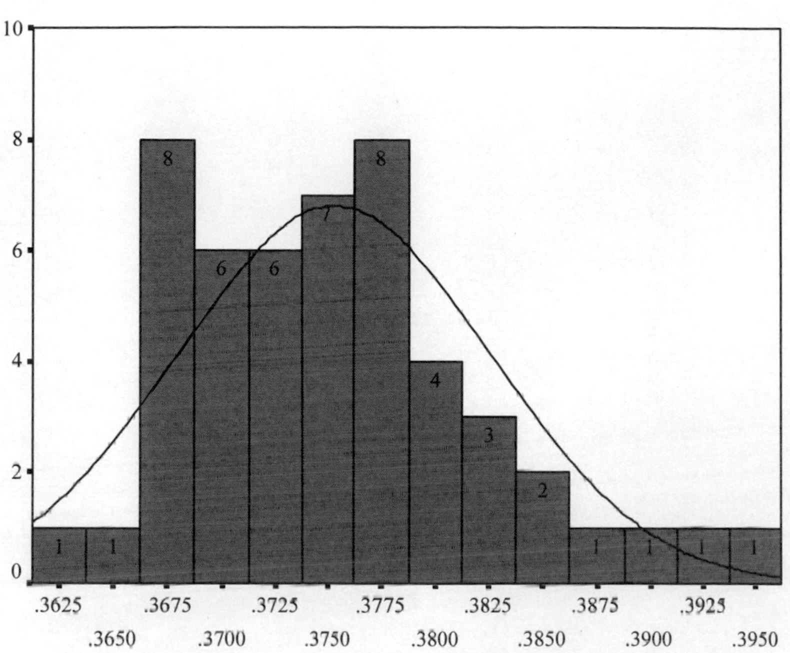

特銅紙張疊印三層之印刷滿版濃度值之常態分配曲線圖

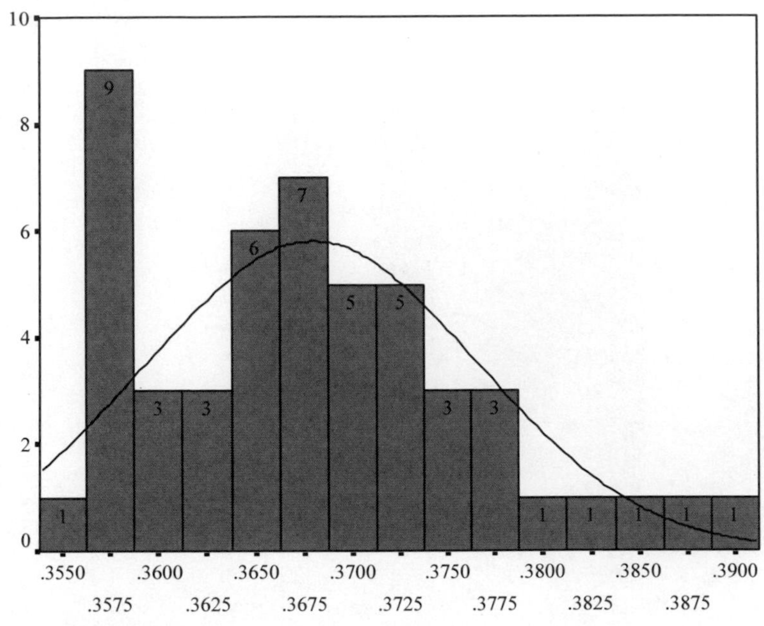

特銅紙張疊印四層之印刷滿版濃度值之常態分配曲線圖

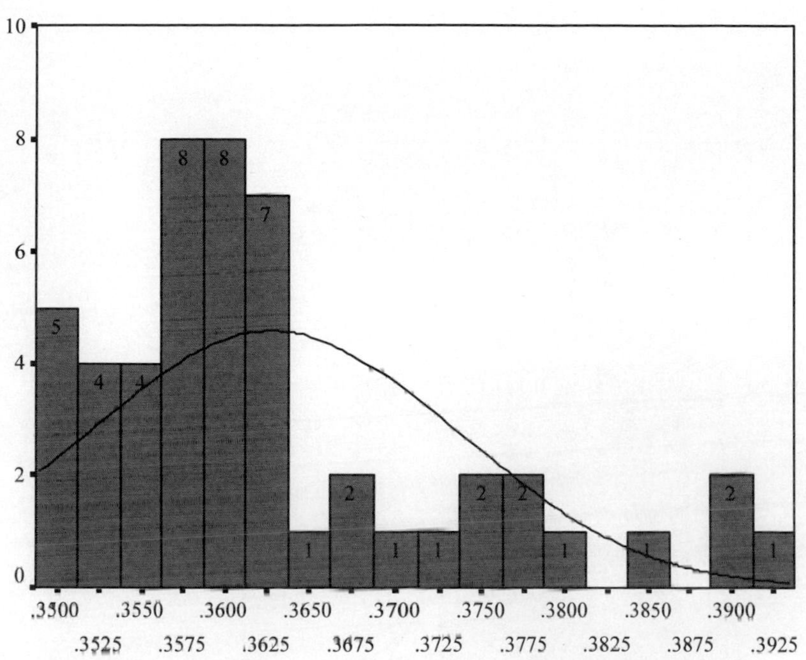

特銅紙張疊印五層之印刷滿版濃度值之常態分配曲線圖

附錄B

雪銅紙張疊印一層至疊印五層之印刷滿版濃度值之常態分配曲線圖

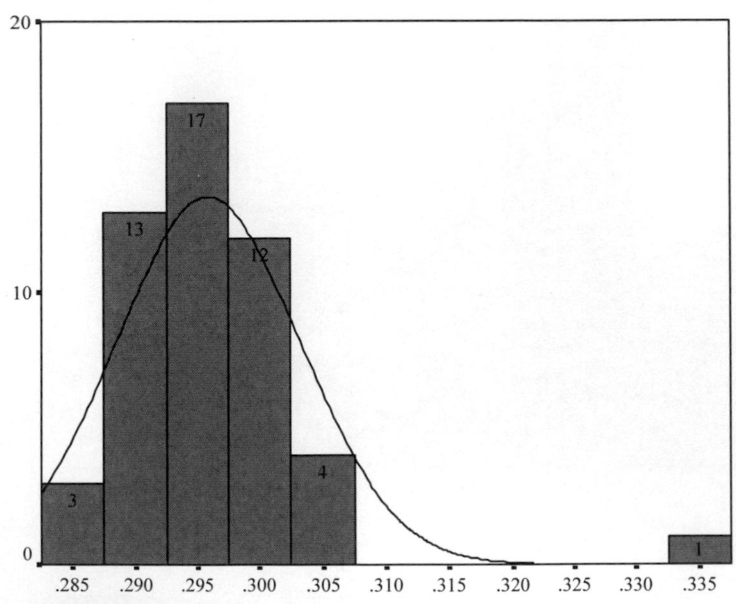

雪銅紙張疊印一層之印刷滿版濃度值之常態分配曲線圖

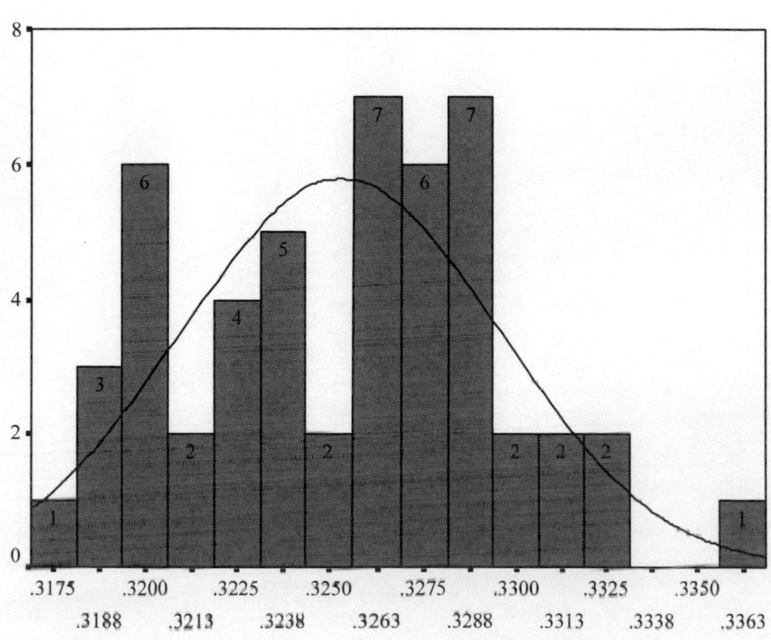

雪銅紙張疊印二層之印刷滿版濃度值之常態分配曲線圖

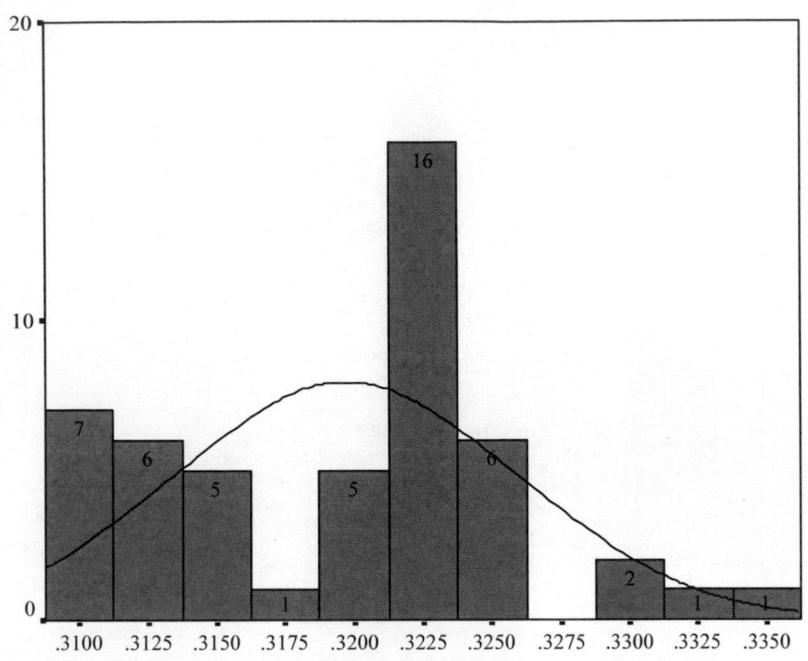

雪銅紙張疊印三層之印刷滿版濃度值之常態分配曲線圖

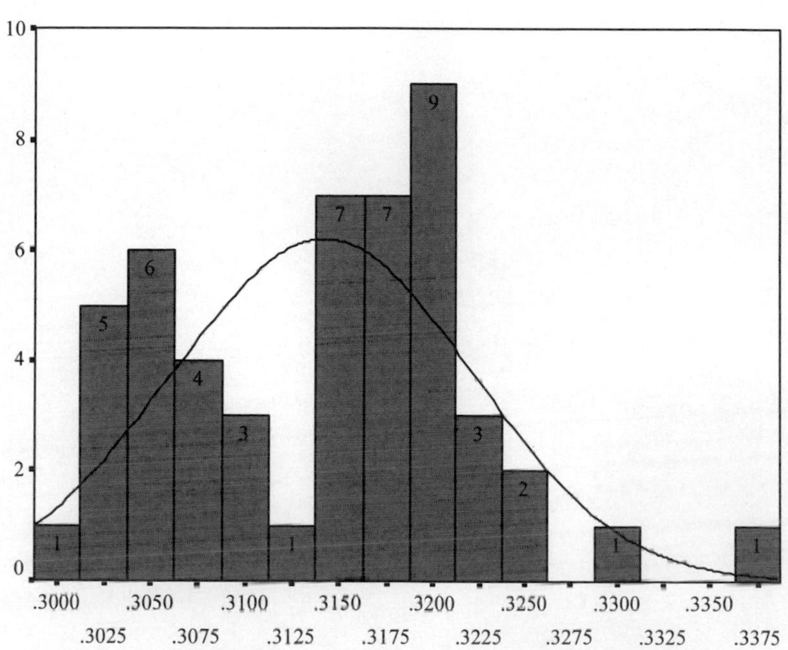

雪銅紙張疊印四層之印刷滿版濃度值之常態分配曲線圖

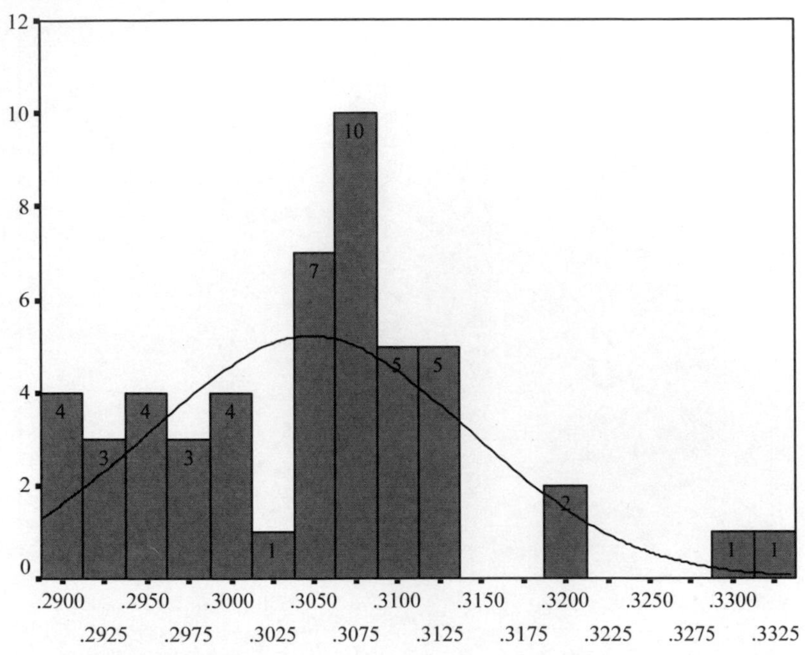

雪銅紙張疊印五層之印刷滿版濃度值之常態分配曲線圖

附錄C

特銅紙張疊印二層至疊印五層之導電電阻值之常態分配曲線圖

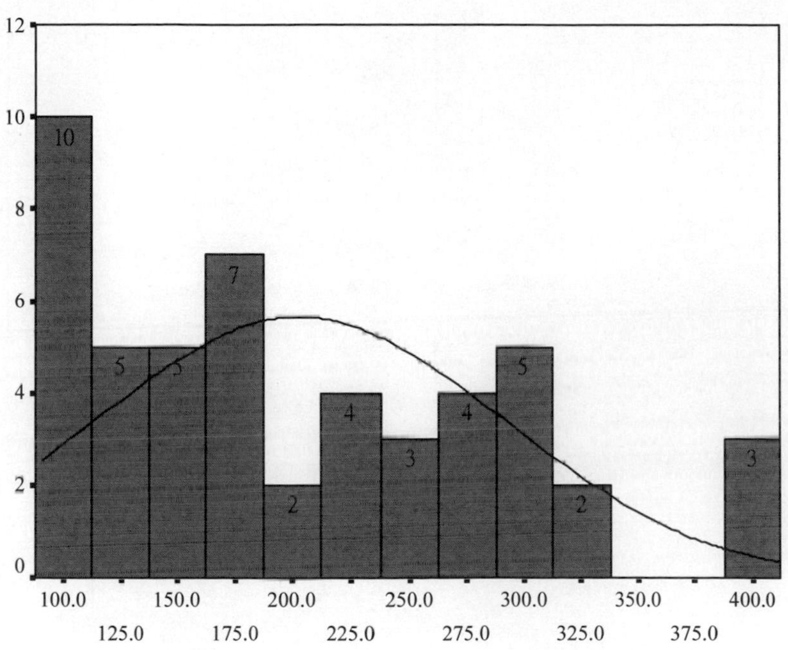

特銅紙張疊印二層之導電電阻值之常態分配曲線圖

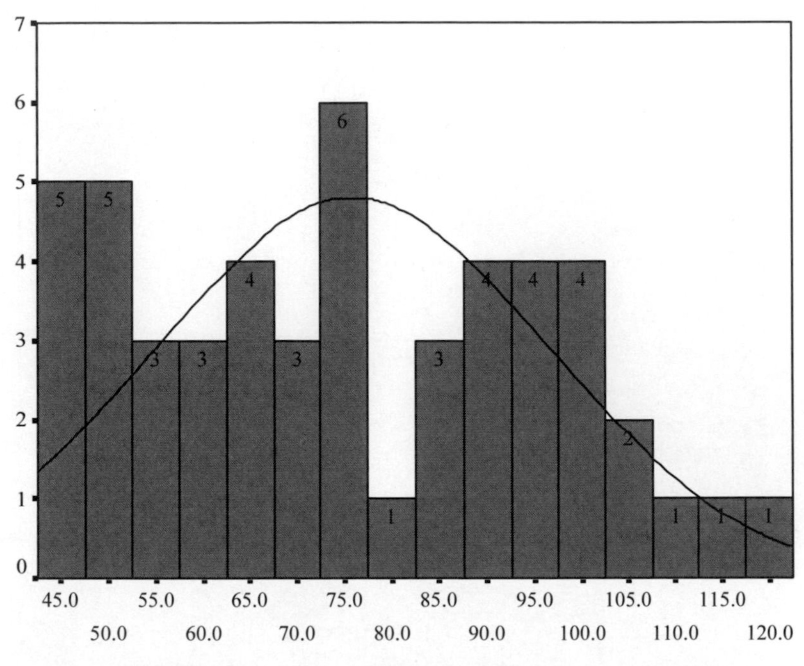

特銅紙張疊印三層之導電電阻值之常態分配曲線圖

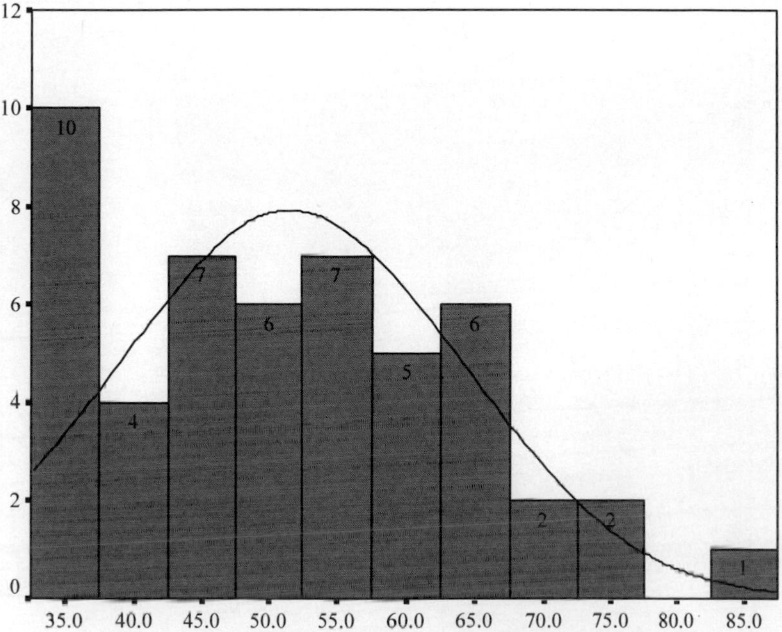

特銅紙張疊印四層之導電電阻值之常態分配曲線圖

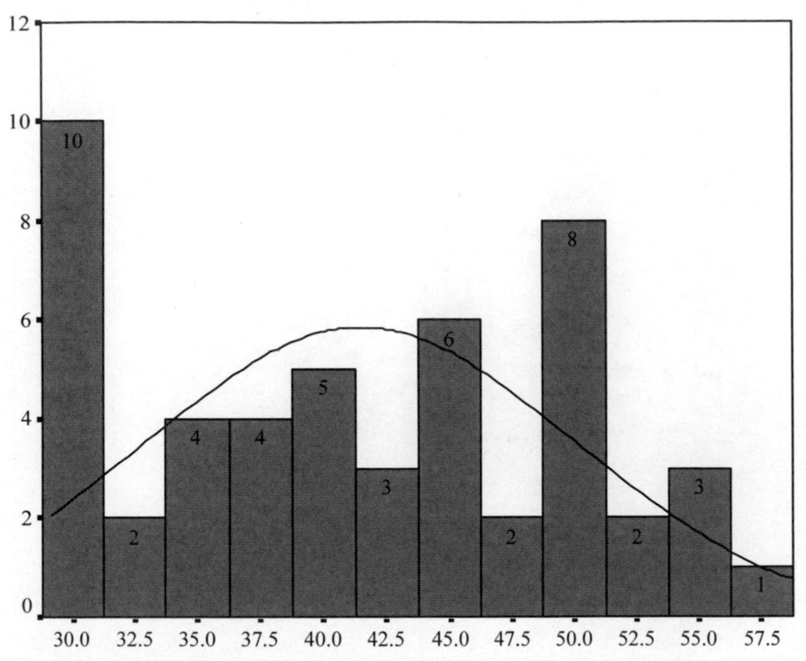

特銅紙張疊印五層之導電電阻值之常態分配曲線圖

附錄D

雪銅紙張疊印二層至疊印五層之導電電阻值之常態分配曲線圖

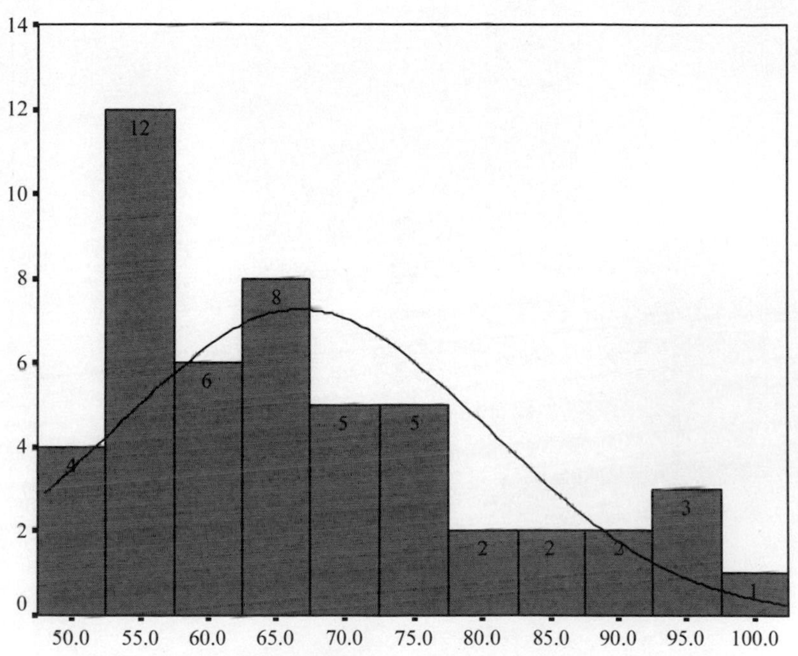

雪銅紙張疊印二層之導電電阻值之常態分配曲線圖

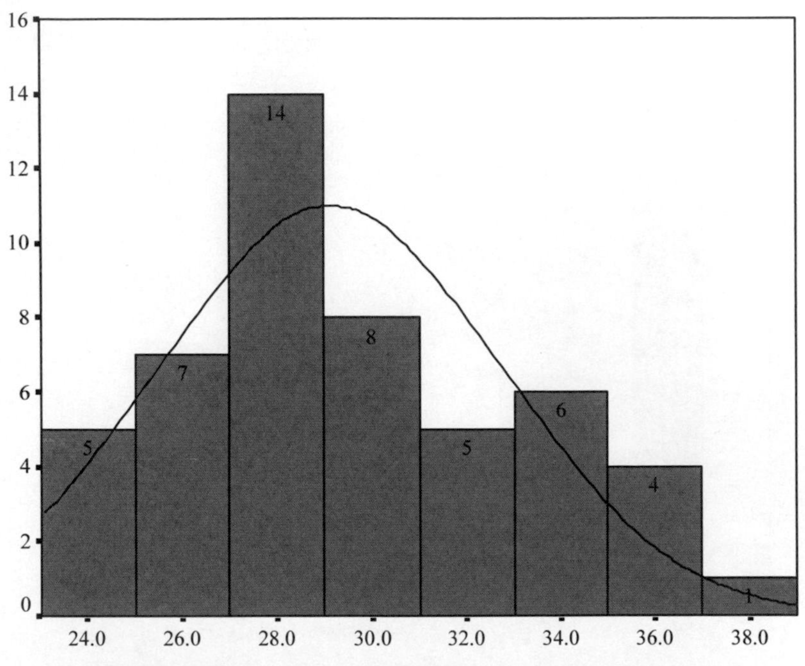

雪銅紙張疊印三層之導電電阻值之常態分配曲線圖

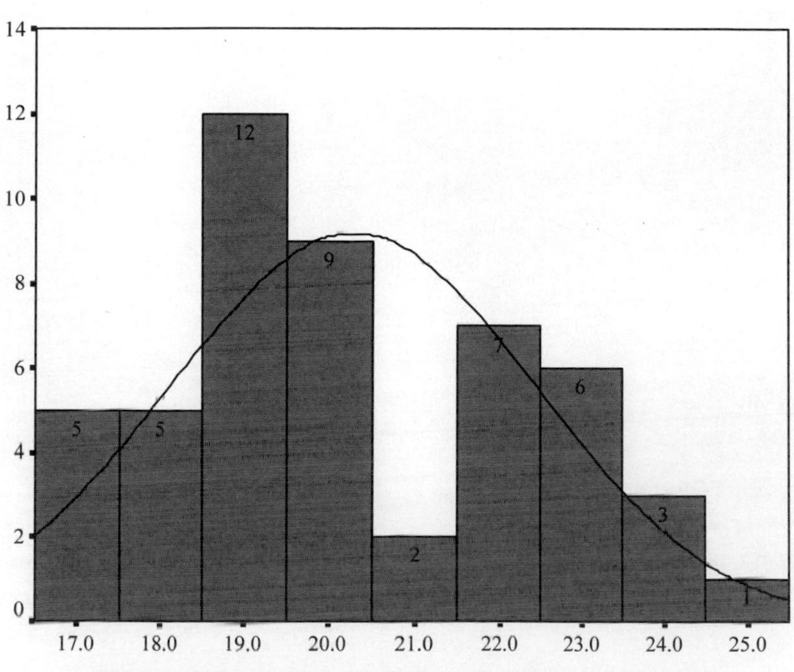

雪銅紙張疊印四層之導電電阻值之常態分配曲線圖

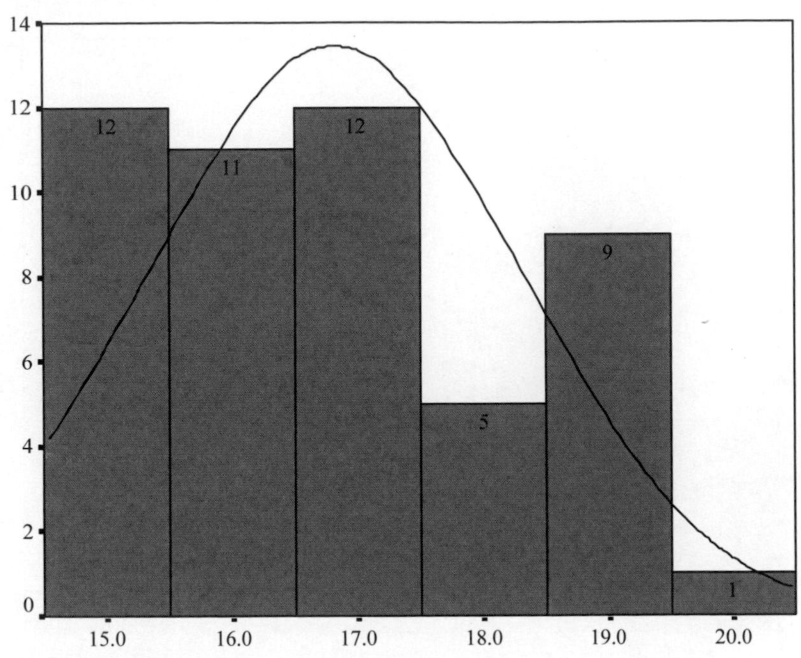

雪銅紙張疊印五層之導電電阻值之常態分配曲線圖

附錄E

特銅紙張疊印三層至疊印五層之讀寫距離之常態分配曲線圖

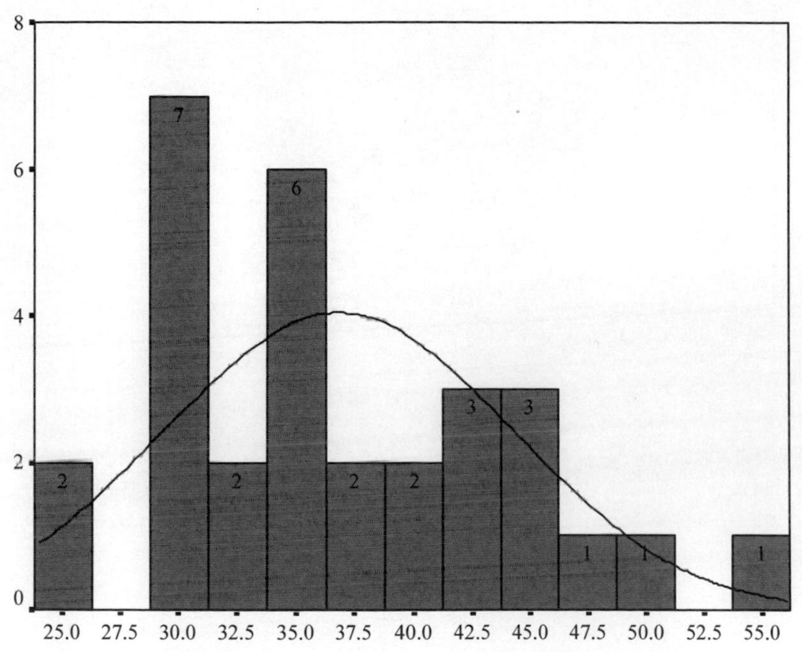

特銅紙張疊印三層之讀寫距離之常態分配曲線圖

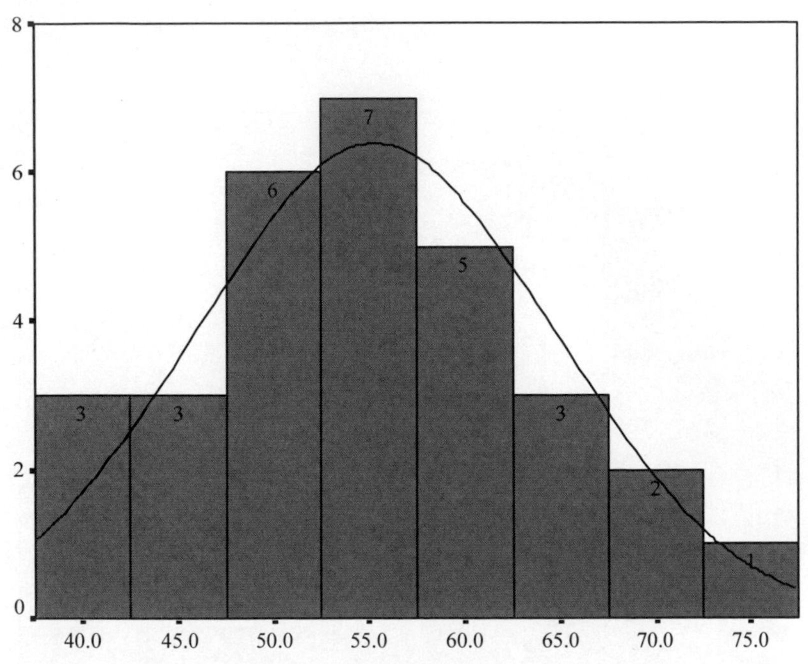

特銅紙張疊印四層之讀寫距離之常態分配曲線圖

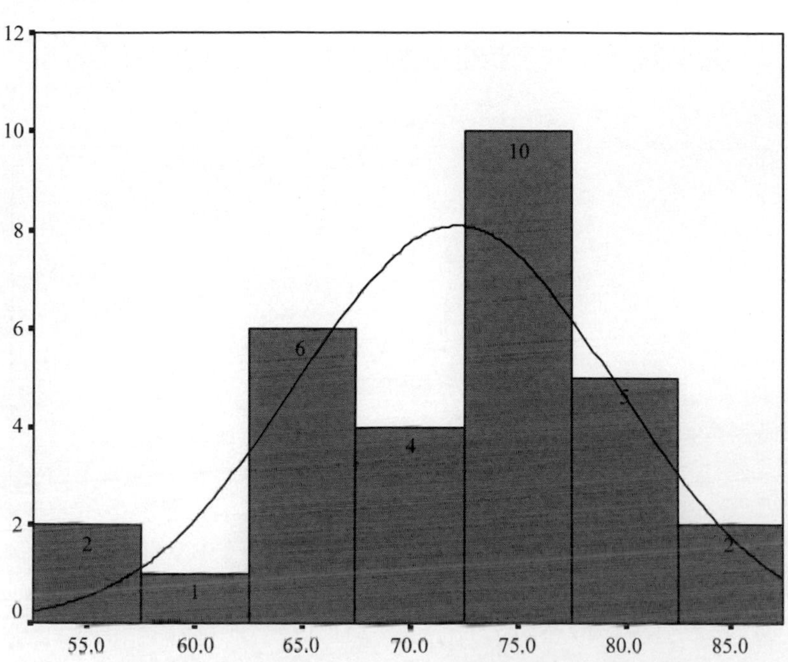

特銅紙張疊印五層之讀寫距離之常態分配曲線圖

附錄F

雪銅紙張疊印三層至疊印五層之讀寫距離之常態分配曲線圖

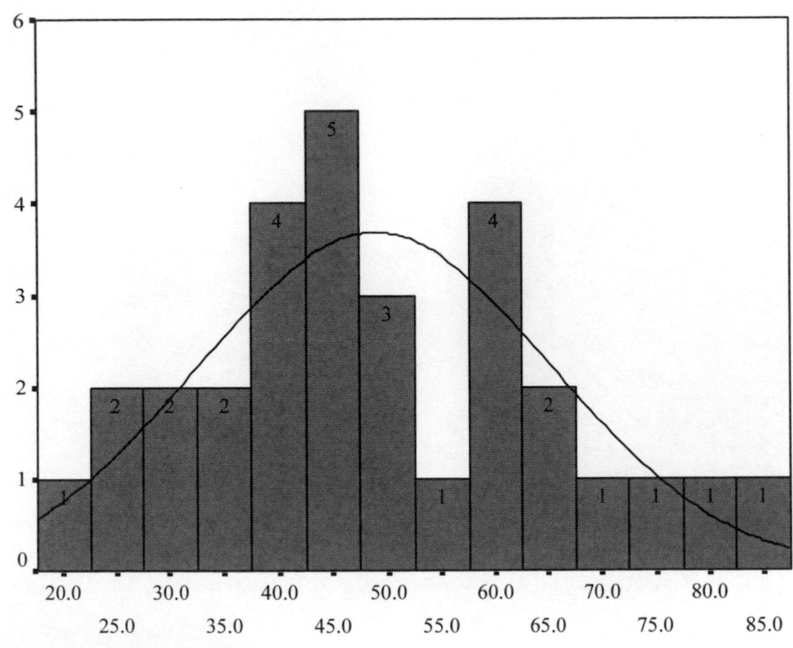

雪銅紙張疊印三層之讀寫距離之常態分配曲線圖

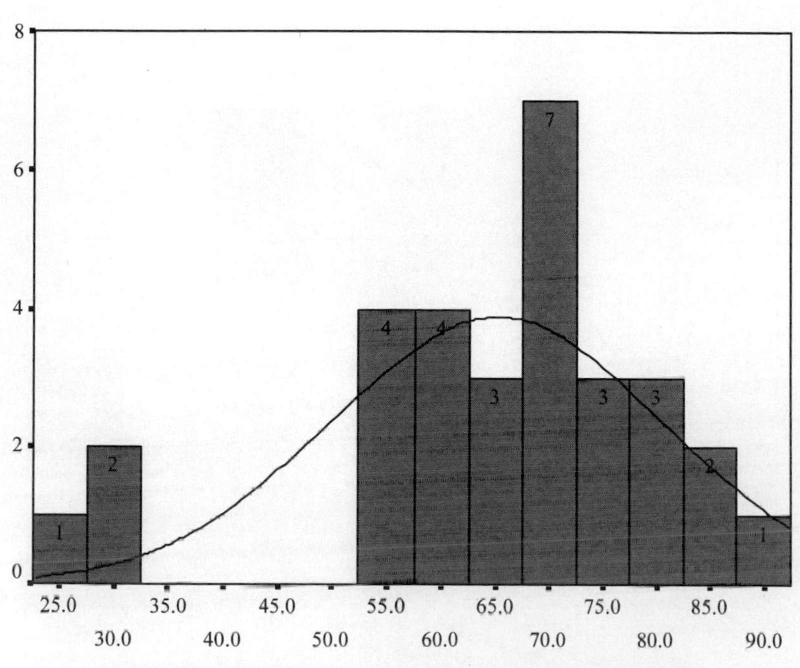

雪銅紙張疊印四層之讀寫距離之常態分配曲線圖

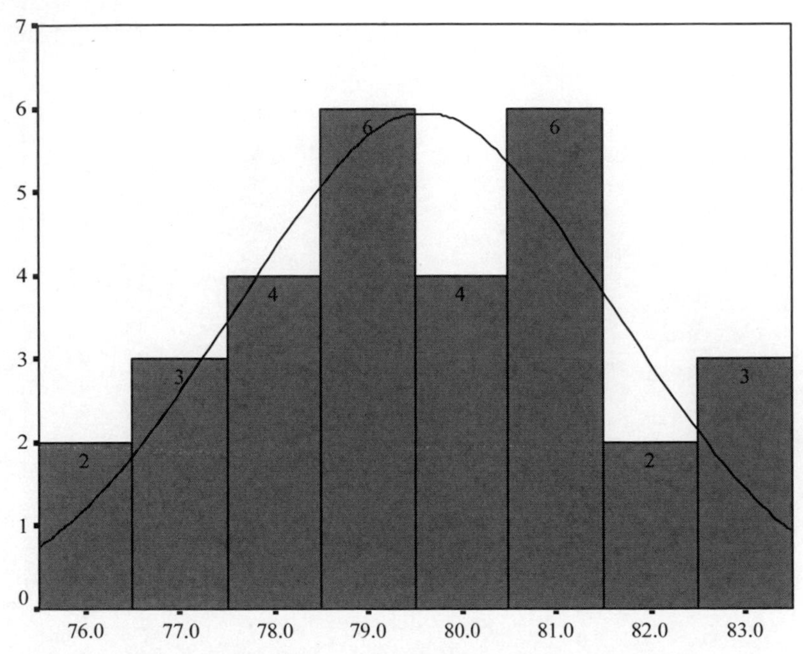

雪銅紙張疊印五層之讀寫距離之常態分配曲線圖

附錄G

網版SHU之雙銅紙張三種乾燥方式之
印刷滿版濃度值之常態分配曲線圖

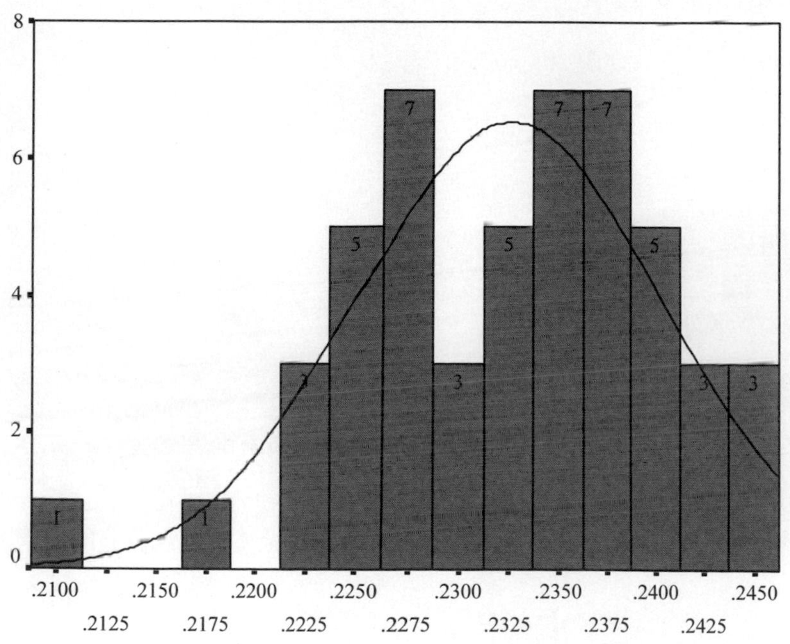

網版SHU之雙銅紙張A-乾燥方式之印刷滿版濃度值之常態分配曲線圖

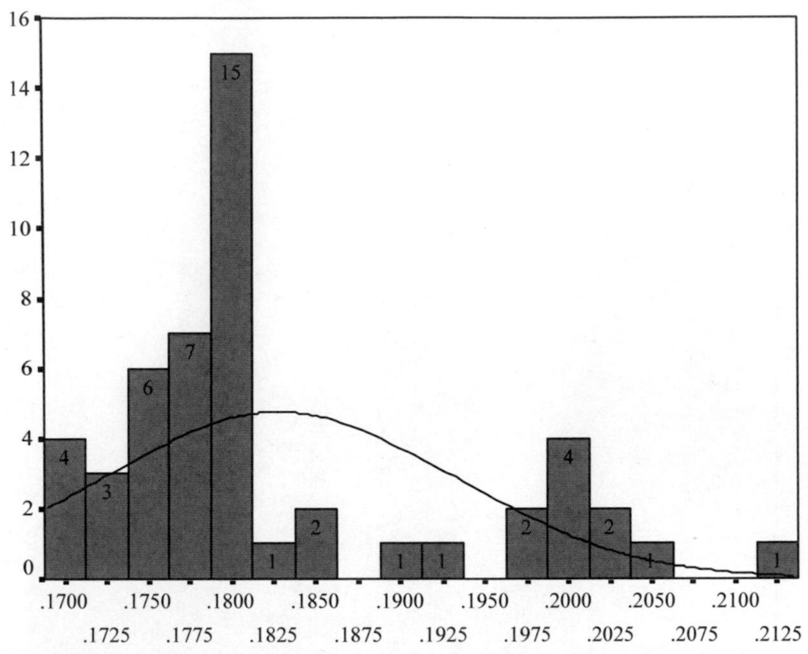

網版SHU之雙銅紙張B-乾燥方式之印刷滿版濃度值之常態分配曲線圖

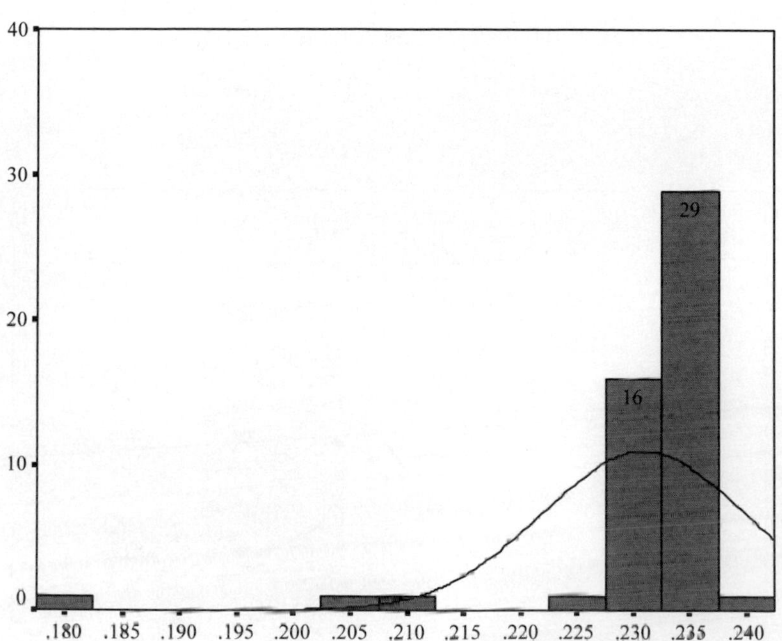

網版SHU之雙銅紙張C-乾燥方式之印刷滿版濃度值之常態分配曲線圖

附錄H

網版Alien天線之特銅紙張與雪銅紙張之

印刷滿版濃度值之常態分配曲線圖

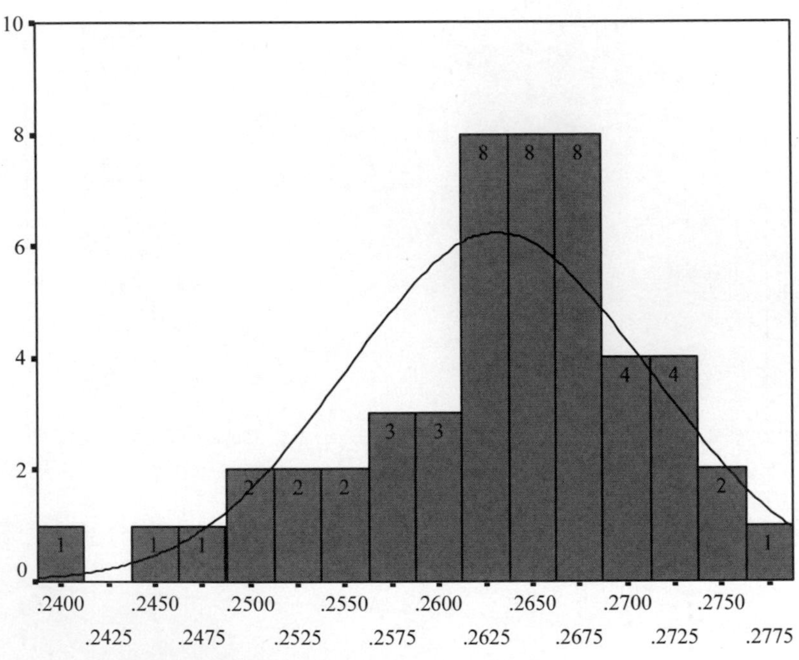

網版Alien天線之特銅紙張之印刷滿版濃度值之常態分配曲線圖

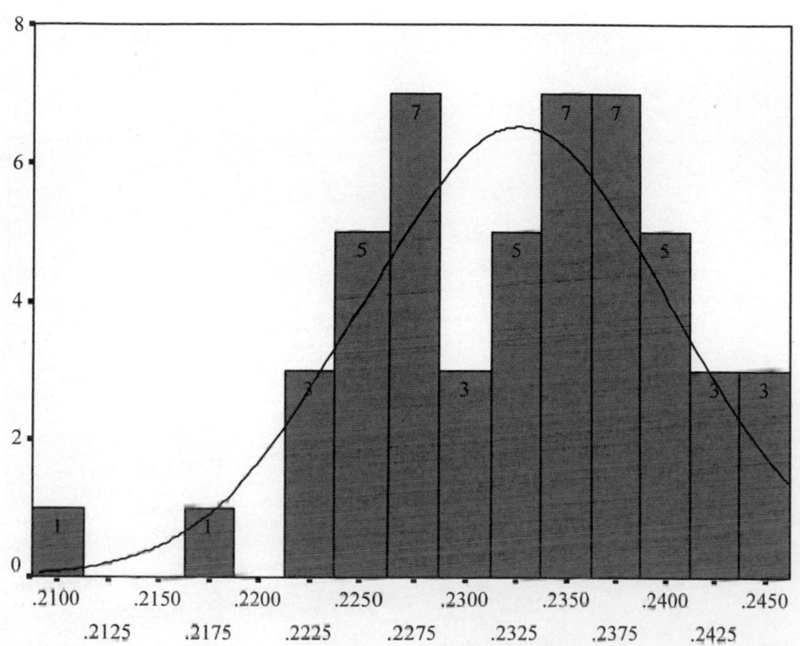

網版Alien天線之雪銅紙張之印刷滿版濃度值之常態分配曲線圖

附錄I

網版SHU之雙銅紙張三種乾燥方式之導電電阻值之常態分配曲線圖

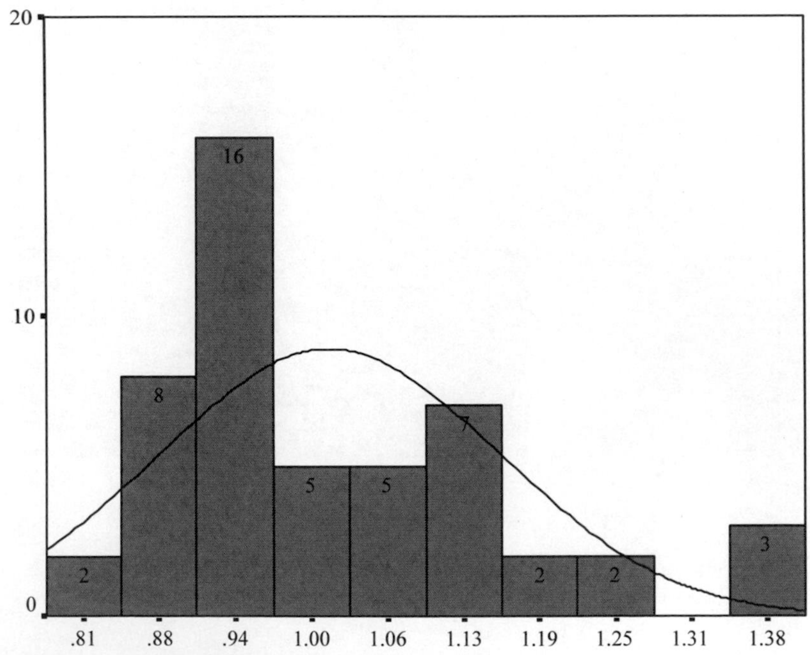

網版SHU之雙銅紙張A-乾燥方式之導電電阻值之常態分配曲線圖

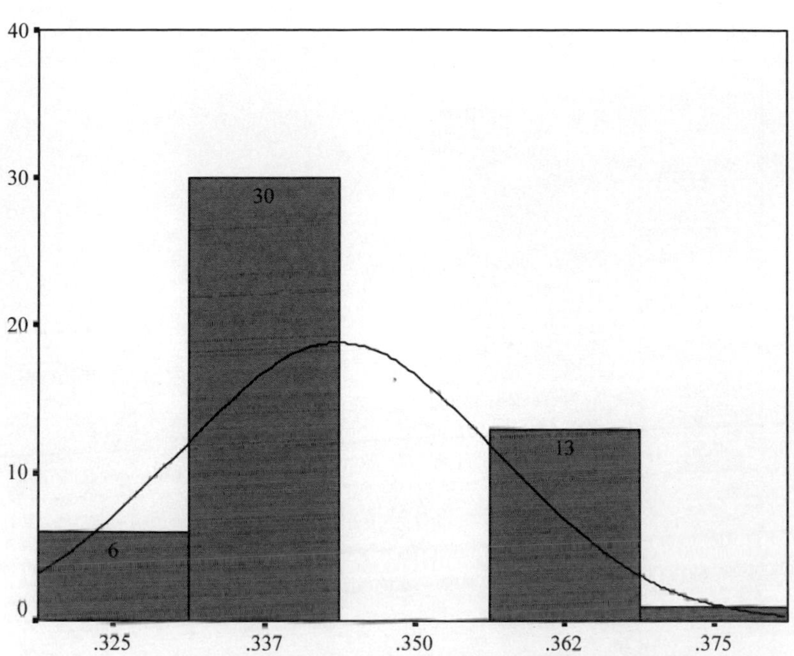

網版SHU之雙銅紙張B-乾燥方式之導電電阻值之常態分配曲線圖

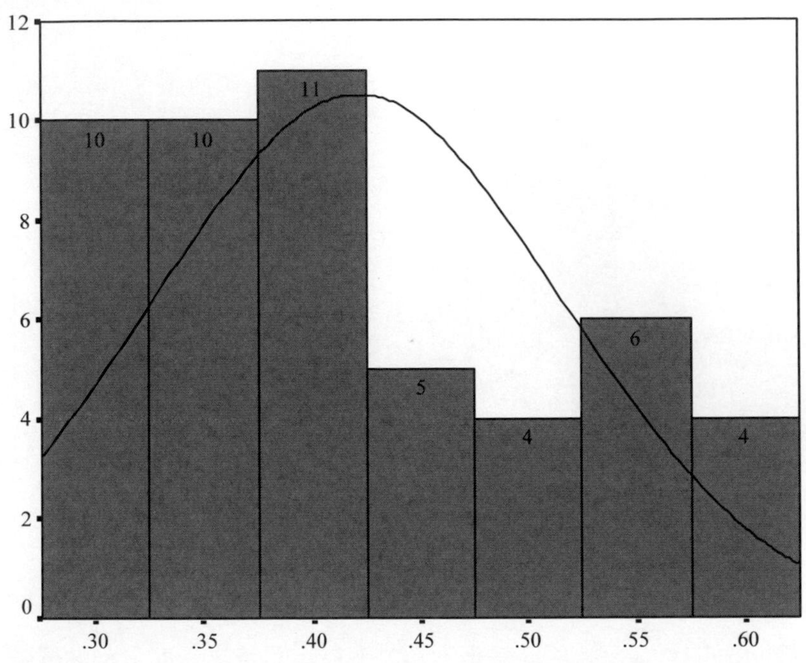

網版SHU之雙銅紙張C-乾燥方式之導電電阻值之常態分配曲線圖

附錄J

網版Alien天線之特銅紙張與雪銅紙張之
導電電阻值之常態分配曲線圖

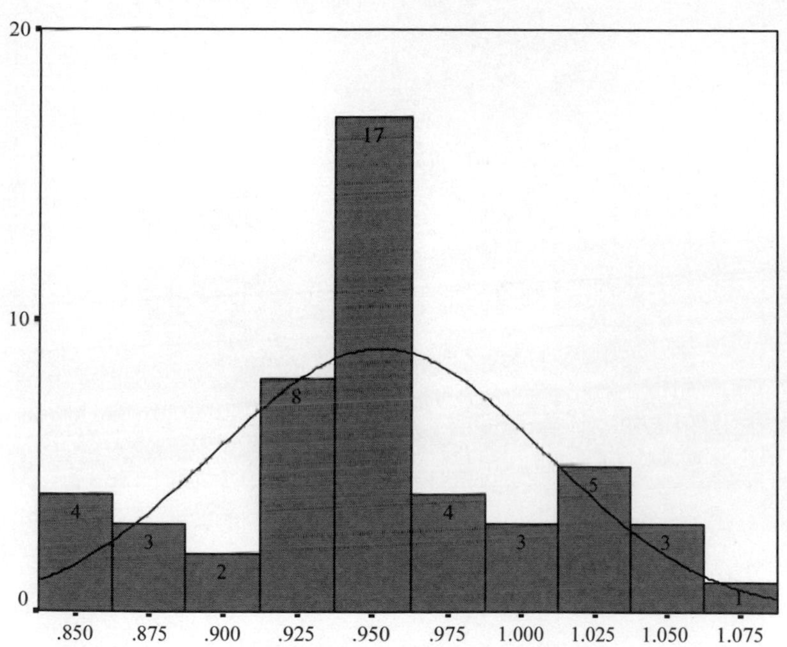

網版Alien天線之特銅紙張之導電電阻值之常態分配曲線圖

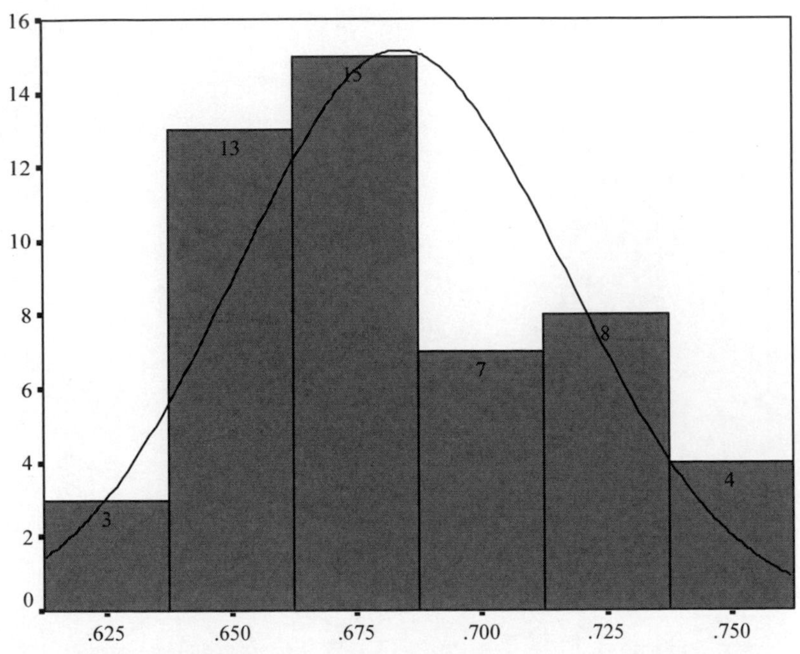

網版Alien天線之雪銅紙張之導電電阻值之常態分配曲線圖

附錄K

網版SHU之雙銅紙張三種乾燥方式之讀寫距離之常態分配曲線圖

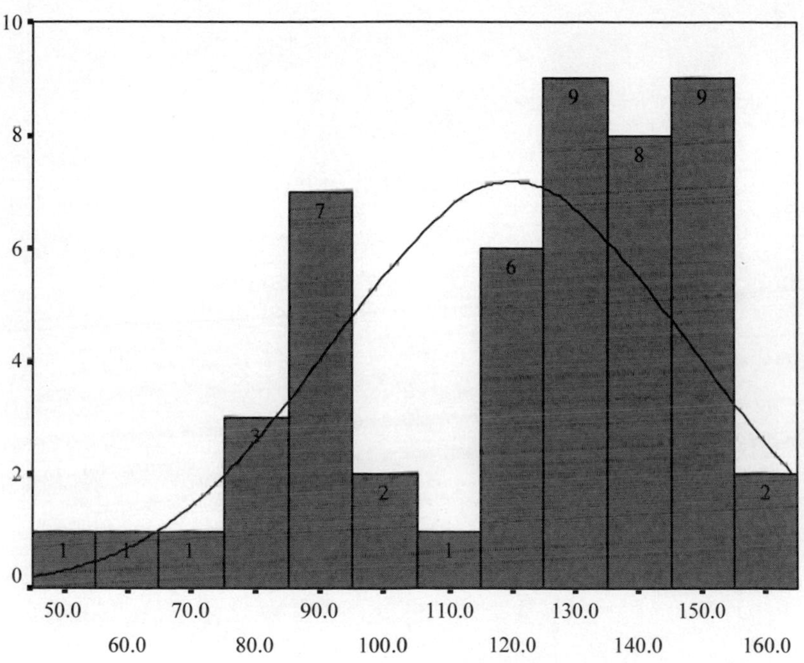

網版SHU之雙銅紙張A-乾燥方式之讀寫距離之常態分配曲線圖

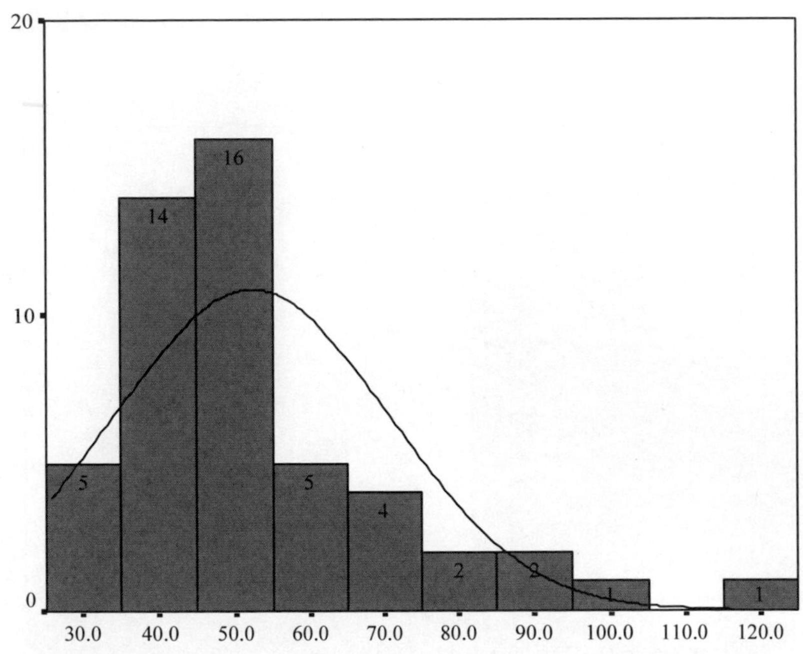

網版SHU之雙銅紙張B-乾燥方式之讀寫距離之常態分配曲線圖

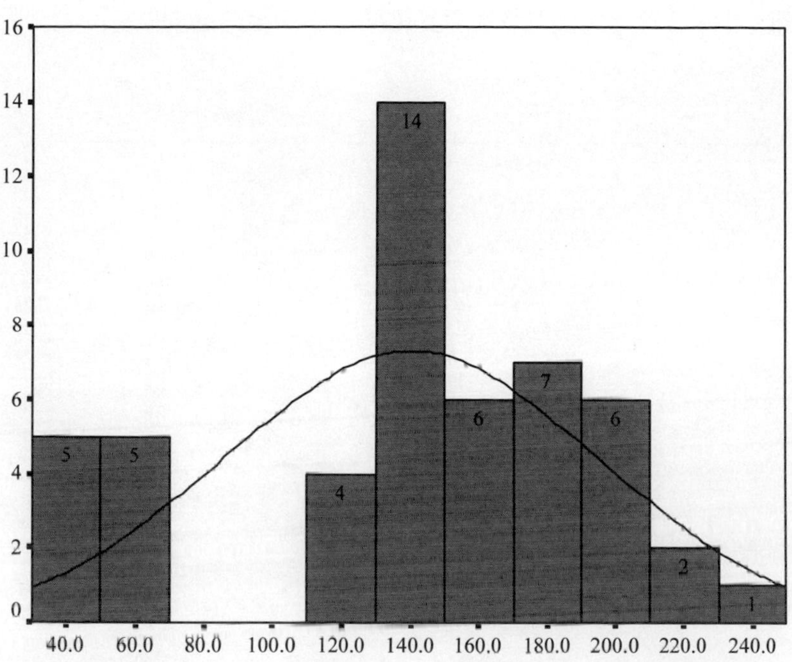

網版SHU之雙銅紙張C-乾燥方式之讀寫距離之常態分配曲線圖

附錄L

網版Alien天線之特銅紙張與雪銅紙張之讀寫距離之常態分配曲線圖

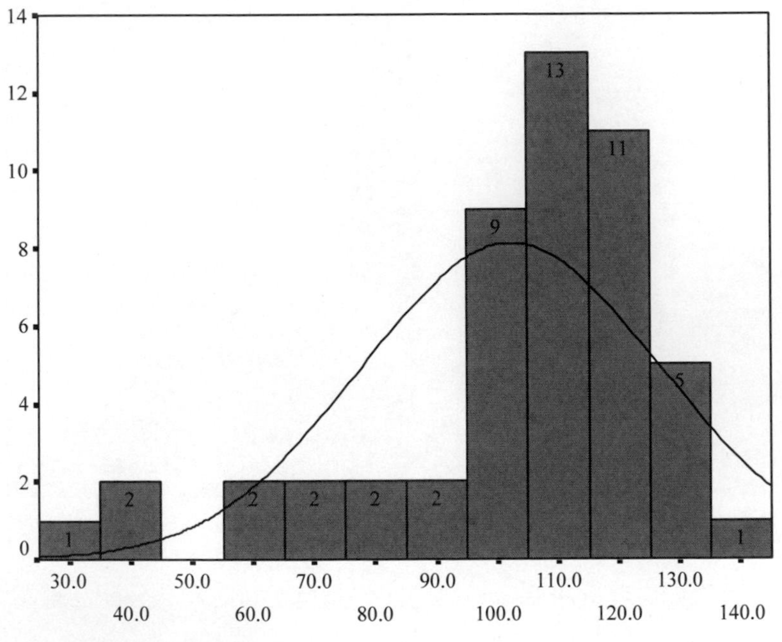

網版Alien天線之特銅紙張之讀寫距離之常態分配曲線圖

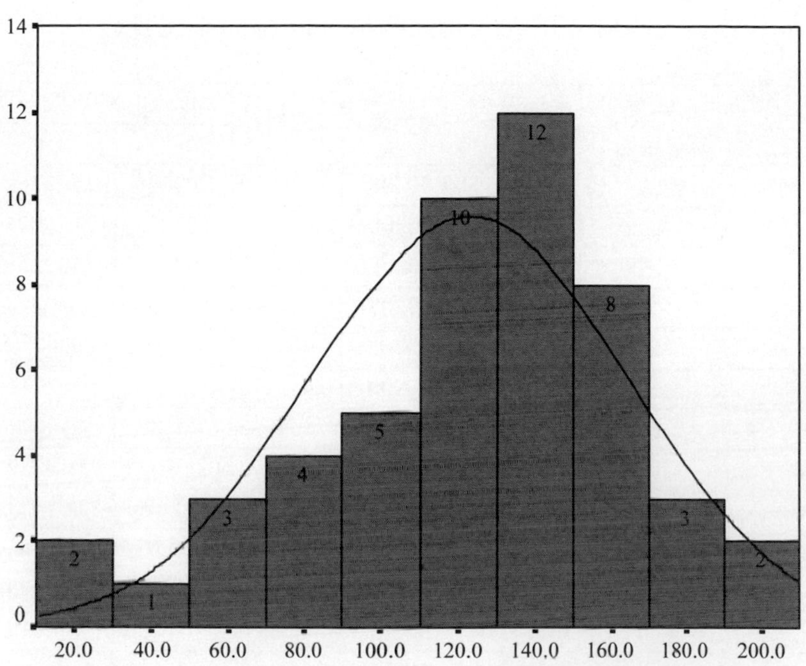

網版Alien天線之雪銅紙張之讀寫距離之常態分配曲線圖

附錄M

特銅紙張印刷滿版濃度值之Post Hoc之LSD多重比較法

(I)疊印層數	(J)疊印層數	平均差異(I-J)	標準誤	顯著性	95%信賴區間	
					下界	上界
疊印一層	疊印二層	-0.032671	0.002086	0.000000	-0.036780	-0.028562
	疊印三層	-0.034043	0.002086	0.000000	-0.038153	-0.029934
	疊印四層	-0.026759	0.002086	0.000000	-0.030869	-0.022650
	疊印五層	-0.019534	0.002086	0.000000	-0.023643	-0.015424
疊印二層	疊印一層	0.032671	0.002086	0.000000	0.028562	0.036780
	疊印三層	-0.001372	0.002086	0.511290	-0.005482	0.002737
	疊印四層	0.005912	0.002086	0.004985	0.001803	0.010021
	疊印五層	0.013137	0.002086	0.000000	0.009028	0.017247
疊印三層	疊印一層	0.034043	0.002086	0.000000	0.029934	0.038153
	疊印二層	0.001372	0.002086	0.511290	-0.002737	0.005482
	疊印四層	0.007284	0.002086	0.000570	0.003175	0.011393
	疊印五層	0.014510	0.002086	0.000000	0.010400	0.018619
疊印四層	疊印一層	0.026759	0.002086	0.000000	0.022650	0.030869
	疊印二層	-0.005912	0.002086	0.004985	-0.010021	-0.001803
	疊印三層	-0.007284	0.002086	0.000570	-0.011393	-0.003175
	疊印五層	0.007226	0.002086	0.000629	0.003116	0.011335
疊印五層	疊印一層	0.019534	0.002086	0.000000	0.015424	0.023643
	疊印二層	-0.013137	0.002086	0.000000	-0.017247	-0.009028
	疊印三層	-0.014510	0.002086	0.000000	-0.018619	-0.010400
	疊印四層	-0.007226	0.002086	0.000629	-0.011335	-0.003116

附錄N

雪銅紙張印刷滿版濃度值之Post Hoc之LSD多重比較法

(I)疊印層數	(J)疊印層數	平均差異(I-J)	標準誤	顯著性	95% 信賴區間	
					下界	上界
疊印一層	疊印二層	-0.029412	0.001461	0.000000	-0.032290	-0.026534
	疊印三層	-0.023832	0.001461	0.000000	-0.026710	-0.020954
	疊印四層	-0.018298	0.001461	0.000000	-0.021176	-0.015420
	疊印五層	-0.008923	0.001461	0.000000	-0.011801	-0.006045
疊印二層	疊印一層	0.029412	0.001461	0.000000	0.026534	0.032290
	疊印三層	0.005580	0.001461	0.000170	0.002702	0.008458
	疊印四層	0.011114	0.001461	0.000000	0.008236	0.013992
	疊印五層	0.020489	0.001461	0.000000	0.017611	0.023367
疊印三層	疊印一層	0.023832	0.001461	0.000000	0.020954	0.026710
	疊印二層	-0.005580	0.001461	0.000170	-0.008458	-0.002702
	疊印四層	0.005534	0.001461	0.000191	0.002656	0.008412
	疊印五層	0.014909	0.001461	0.000000	0.012031	0.017787
疊印四層	疊印一層	0.018298	0.001461	0.000000	0.015420	0.021176
	疊印二層	-0.011114	0.001461	0.000000	-0.013992	-0.008236
	疊印三層	-0.005534	0.001461	0.000191	-0.008412	-0.002656
	疊印五層	0.009375	0.001461	0.000000	0.006497	0.012253
疊印五層	疊印一層	0.008923	0.001461	0.000000	0.006045	0.011801
	疊印二層	-0.020489	0.001461	0.000000	-0.023367	-0.017611
	疊印三層	-0.014909	0.001461	0.000000	-0.017787	-0.012031
	疊印四層	-0.009375	0.001461	0.000000	-0.012253	-0.006497

附錄O

特銅紙張導電電阻值（歐姆）之Post Hoc之LSD多重比較法

(I)疊印層數	(J)疊印層數	平均差異(I-J)	標準誤	顯著性	95%信賴區間	
					下界	上界
疊印二層	疊印三層	126.62	9.168659	0.000000	108.538109	144.701891
	疊印四層	150.90	9.168659	0.000000	132.818109	168.981891
	疊印五層	160.94	9.168659	0.000000	142.858109	179.021891
疊印三層	疊印二層	-126.62	9.168659	0.000000	-144.701891	-108.538109
	疊印四層	24.28	9.168659	0.008752	6.198109	42.361891
	疊印五層	34.32	9.168659	0.000239	16.238109	52.401891
疊印四層	疊印二層	-150.90	9.168659	0.000000	-168.981891	-132.818109
	疊印三層	-24.28	9.168659	0.008752	-42.361891	-6.198109
	疊印五層	10.04	9.168659	0.274845	-8.041891	28.121891
疊印五層	疊印二層	-160.94	9.168659	0.000000	-179.021891	-142.858109
	疊印三層	-34.32	9.168659	0.000239	-52.401891	-16.238109
	疊印四層	-10.04	9.168659	0.274845	-28.121891	8.041891

附錄P

雪銅紙張導電電阻值（歐姆）之Post Hoc之LSD多重比較法

(I)疊印層數	(J)疊印層數	平均差異(I-J)	標準誤	顯著性	95% 信賴區間	
					下界	上界
疊印二層	疊印三層	37.62	1.440405	0.000000	34.779317	40.460683
	疊印四層	46.46	1.440405	0.000000	43.619317	49.300683
	疊印五層	49.92	1.440405	0.000000	47.079317	52.760683
疊印三層	疊印二層	-37.62	1.440405	0.000000	-40.460683	-34.779317
	疊印四層	8.84	1.440405	0.000000	5.999317	11.680683
	疊印五層	12.30	1.440405	0.000000	9.459317	15.140683
疊印四層	疊印二層	-46.46	1.440405	0.000000	-49.300683	-43.619317
	疊印三層	-8.84	1.440405	0.000000	-11.680683	-5.999317
	疊印五層	3.46	1.440405	0.017234	0.619317	6.300683
疊印五層	疊印二層	-49.92	1.440405	0.000000	-52.760683	-47.079317
	疊印三層	-12.30	1.440405	0.000000	-15.140683	-9.459317
	疊印四層	-3.46	1.440405	0.017234	-6.300683	-0.619317

附錄Q

特銅紙張讀寫距離（公分）之Post Hoc之LSD多重比較法

(I)疊印層數	(J)疊印層數	平均差異(I-J)	標準誤	顯著性	95%信賴區間	
					下界	上界
疊印三層	疊印四層	-18.50	2.086734	0.000000	-22.647609	-14.352391
	疊印五層	-35.33	2.086734	0.000000	-39.480942	-31.185724
疊印四層	疊印三層	18.50	2.086734	0.000000	14.352391	22.647609
	疊印五層	-16.83	2.086734	0.000000	-20.980942	-12.685724
疊印五層	疊印三層	35.33	2.086734	0.000000	31.185724	39.480942
	疊印四層	16.83	2.086734	0.000000	12.685724	20.980942

附錄R

雪銅紙張讀寫距離（公分）之Post Hoc之LSD多重比較法

(I)疊印層數	(J)疊印層數	平均差異(I-J)	標準誤	顯著性	95% 信賴區間	
					下界	上界
疊印三層	疊印四層	-16.33	3.345640	0.000005	-22.983155	-9.683511
	疊印五層	-30.70	3.345640	0.000000	-37.349822	-24.050178
疊印四層	疊印三層	16.33	3.345640	0.000005	9.683511	22.983155
	疊印五層	-14.37	3.345640	0.000045	-21.016489	-7.716845
疊印五層	疊印三層	30.70	3.345640	0.000000	24.050178	37.349822
	疊印四層	14.37	3.345640	0.000045	7.716845	21.016489

附錄S

雙銅紙張印刷滿版濃度值之Post Hoc之LSD多重比較法

(I)乾燥方式	(J)乾燥方式	平均差異(I-J)	標準誤	顯著性	95% 信賴區間	
					下界	上界
A-乾燥方式	B-乾燥方式	0.049872	0.001824	0.0000	0.046268	0.053476
	C-乾燥方式	0.001742	0.001824	0.3411	-0.001862	0.005346
B-乾燥方式	A-乾燥方式	-0.049872	0.001824	0.0000	-0.053476	-0.046268
	C-乾燥方式	-0.048130	0.001824	0.0000	-0.051734	-0.044526
C-乾燥方式	A-乾燥方式	-0.001742	0.001824	0.3411	-0.005346	0.001862
	B-乾燥方式	0.048130	0.001824	0.0000	0.044526	0.051734

附錄T

雙銅紙張導電電阻值（歐姆）之Post Hoc之LSD多重比較法

(I)乾燥方式	(J)乾燥方式	平均差異(I-J)	標準誤	顯著性	95% 信賴區間	
					下界	上界
A-乾燥方式	B-乾燥方式	0.6712	0.0195	0.0000	0.6326	0.7098
	C-乾燥方式	0.5936	0.0195	0.0000	0.5550	0.6322
B-乾燥方式	A-乾燥方式	-0.6712	0.0195	0.0000	-0.7098	-0.6326
	C-乾燥方式	-0.0776	0.0195	0.0001	-0.1162	-0.0390
C-乾燥方式	A-乾燥方式	-0.5936	0.0195	0.0000	-0.6322	-0.5550
	B-乾燥方式	0.0776	0.0195	0.0001	0.0390	0.1162

附錄U

雙銅紙張讀寫距離（公分）之Post Hoc之LSD多重比較法

(I)乾燥方式	(J)乾燥方式	平均差異 (I-J)	標準誤	顯著性	95% 信賴區間	
					下界	上界
A-乾燥方式	B-乾燥方式	67.50	7.3606	0.0000	52.9538	82.0462
	C-乾燥方式	-20.56	7.3606	0.0059	-35.1062	-6.0138
B-乾燥方式	A-乾燥方式	-67.50	7.3606	0.0000	-82.0462	-52.9538
	C-乾燥方式	-88.06	7.3606	0.0000	-102.6062	-73.5138
C-乾燥方式	A-乾燥方式	20.56	7.3606	0.0059	6.0138	35.1062
	B-乾燥方式	88.06	7.3606	0.0000	73.5138	102.6062

參考文獻

英文部分：

Blayo, A. and Pineaux, B. (2005, October). Printing Processes and their Potential for RFID Printing. Retrieved December 20, 2005, from http://www.soc-eusai2005.org/proceedings/articles_pagines/89_pdf_file.pdf

Cortina, J. M. (1993). What is coefficient alpha? An examination of theory and applications. Journal of Applied Psychology, 78(1), 98-104.

Gall, M. D., Borg, W. R., & Gall, J. P. (1996). Educational research: An introduction (6th ed.). New York: Longman.

Huang, C., Zhan, J., & Hao, T. (2007.June). RFID Tag Antennas Designed by Fractal Features and Manufactured by Printing Technology, 9th International Conference on Enterprise Information Systems, Portugal.

Lustig, T. (2005, July). New inks could open markets. *Graphic Arts Monthly*. Retrieved November 20, 2006, from http://www.graphicartsonline.com/article/CA625626.html?q=New+inks+could+open+markets%2E.

McMillan, J. H. (2000). Educational research: Fundamentals for the consumer (3rd ed.). New York: Addison Wesley Longman, Inc.

McMillan, J. H., & Schumacher, S. (1997). Research in education: A conceptual introduction (4th ed.). New York: Addison Wesley Longman, Inc.

Montauti, F. (2006, June). High volume, low cost production of RFID tags operating at 900 mhz. WaveZero, Inc. Retrieved March 20, 2007, from http://wavezero.com/pdfs/RFID/WaveZero_RFID_White_Paper.pdf

Nunnaly, J. C. (1978). Psychometric theory (2nd ed.). New York: McGraw-Hill.

Reliability. Retrieved April 30, 2001, from the World Wide Web: http://www2.chass.ncsu.edu/garson/pa765/reliab.htm

Reliability and item analysis. Retrieved April 30, 2001, from the World Wide Web: http://www.statsoftinc.com/textbook/streliab.html

RFID Deployment Best Practices-Survey of Companies Making Active Investments in EPC RFID. (2004, December). Dedham, MA: ARC Advisory Group.

Santos, J. R. (1999, April). Cronbach's alpha: A tool for assessing the reliability of scales. Journal of Extension, 37(2). Retrieved April 2, 2001, from the World Wide Web: http://joe.org/joe/1999april/tt3.html

Weissglass, M. G. (2005, July 15). 運用紙電池科技(Power Paper)的RFID系統-Power ID, Semi-Passive Tag。台灣RFID應用暨發展方向。RFID產業暨應用促進會，台北國際世貿中心。

中文部份：

RFID技術在標籤印刷領域應用前景廣闊。(2006)。中華印刷包裝網。2006年9月7日，取自http://news.pack.net.cn/newscenter/xzyc/2007-04/2007041910093355.shtml.

RFID信用卡 免刷卡免簽字。（民94年5月12日）。世界日報。民96年2月27日，取自http://udn.com/NEWS/FASHION/FAS6/3737815.shtml.

RFID為WAL-MART缺貨帶來真正靈丹。2005年10月19日，取自http://www.RFID.org.hk/modules.php?name=News&file=article&sid=119

RFID標籤與印刷共迎商機。(2005, July 17)。2005年7月28日，取自from http://www.cgan.com/news/2780.htm.

何英煒（民94年8月17日）。林逢慶：RFID列政策扶持產業。工商時報。民94年9月7日，取自http://news.chinatimes.com/Chinatimes/newslist/

newslist-content/0,3546,12050901+122005081700558,00.html?source=rss

李和宗（民94年6月30日）。RFID為國內醫療體系帶來新契機。電子商務導航，7(6)。2005年12月15日，取自http://www.ec.org.tw/Htmlupload/7-6.pdf#search='%E9%86%AB%E9%99%A2%20RFID'

黃啟芳（民93年11月）。RFID之應用。印刷科技發展動向與RFID應用研討會，國立師範大學。

黃昌宏、陳雅莉(2004)。RFID無線射頻識別標識系統的探討。中華科技印刷年報，2004，256-265。

溫嘉瑜（民93年9月）。射頻識別在台灣。EAN Taiwan Report:商業流通資訊，九月號，7-9。

蘇衍如（民95年5月）。活魚也有身份證-RFID技術提供潔淨食材安全保證。技術尖兵，137。民95年12月27日，取自http;//doit.moea.gov.tw/news/newscontent.asp?ListID=0704&TypeID=64&CountID=21&IdxID=1

羅如柏（2006年9月17日）。印刷技術在RFID標籤製造中的應用。中國包裝網。2006年12月7日，取自http://news.pack.net.cn/newscenter/xzyc/2006-09/2006091111092511.shtml.

楊美玲（民96年2月25日）。台灣也有八達通：出門只要一張卡。聯合晚報。民96年2月27日，取自http://udn.com/NEWS/FASHION/FAS6/3737815.shtml.

馬自勉、陳崑榮(2004)。RFID標籤製造技術簡介。商業流通資訊，12月號，29-31。

解讀RFID白皮書-RFID發展技術戰略初定（2006年9月8日）。中國包裝網。2006年10月7日，取自ttp://news.pack.net.cn/newscenter/xzyc/2006-09/2006090814150099.shtml.

徐鳳美（民95年8月）。研發RFID關鍵技術。技術尖兵，140。民96年1月27日，取自http://www.st-pioneer.org.tw/modules.php?name=magazine&pa=showpage&tid=2601

廠商進一步調低標籤售價。(2005, September 16). Retrieved January 3, 2006, from http://www.RFID.org.hk/modules.php?name=News&file=article&sid=114&mode=&order=0&thold=0.

美國來年將簽發RFID護照。（2006年2月18日）。中國射頻網。民95年12月17日，取自http://www.rfid6.com/hangye/9591.html..

蕭榮興、許育嘉（民93年9月1日）。無線射頻技術的應用與發展趨勢。電子商務導航，6(13)。2006年9月7日，取自http://www.ec.org.tw/Htmlupload/6-13.pdf

顧問公司為RFID指路。(2004, November 11). Retrieved January 3, 2006, from http://www.RFID.org.hk/modules.php?name=Content&pa=showpage&pid=58

羅瑤樂（民96年4月18日a）。RFID與EPCglobal標準Overview。EPCglobal基礎教育訓練系列。財團法人中華民國商品條碼策進會。

羅瑤樂（民96年4月24日b）。EPC編碼介紹。EPCglobal基礎教育訓練系列。財團法人中華民國商品條碼策進會。

國家圖書館出版品預行編目

平版印刷與網版印刷印製RFID標籤天線之研究 =
A study of lithography and screen printing
to print antenna of RFID tag / 郝宗瑜著. --臺北市 :
秀威資訊科技, 2007.09
面； 公分. -- (應用科學類 ; AB0007)

ISBN 978-986-6732-12-6 (平裝)

1.平版印刷 2.印刷術 3.無線射頻辨識系統

477 96017635

應用科學類 AB0007

平版印刷與網版印刷印製RFID標籤天線之研究

作　　者 / 郝宗瑜
發 行 人 / 宋政坤
執行編輯 / 詹靚秋
圖文排版 / 陳湘陵
封面設計 / 莊芯媚
數位轉譯 / 徐真玉　沈裕閔
圖書銷售 / 林怡君
法律顧問 / 毛國樑　律師
出版印製 / 秀威資訊科技股份有限公司
台北市內湖區瑞光路583巷25號1樓
電話：02-2657-9211　傳真：02-2657-9106
E-mail：service@showwe.com.tw
經 銷 商 / 紅螞蟻圖書有限公司
台北市內湖區舊宗路二段121巷28、32號4樓
電話：02-2795-3656　傳真：02-2795-4100
http://www.e-redant.com

2007 年 11 月　BOD 一版
定價： 340 元

讀　者　回　函　卡

感謝您購買本書，為提升服務品質，煩請填寫以下問卷，收到您的寶貴意見後，我們會仔細收藏記錄並回贈紀念品，謝謝！

1.您購買的書名：________________________

2.您從何得知本書的消息？

□網路書店　□部落格　□資料庫搜尋　□書訊　□電子報　□書店

□平面媒體　□ 朋友推薦　□網站推薦　□其他__________

3.您對本書的評價：(請填代號　1.非常滿意 2.滿意 3.尚可 4.再改進)

封面設計____　版面編排____　內容____　文/譯筆____　價格____

4.讀完書後您覺得：

□很有收穫　□有收穫　□收獲不多　□沒收獲

5.您會推薦本書給朋友嗎？

□會　□不會，為什麼？______________________________

6.其他寶貴的意見：______________________________

____

____

____

讀者基本資料

姓名：____________________　年齡：______　性別：□女　□男

聯絡電話：________________　E-mail：____________________

地址：____

學歷：□高中(含)以下　□高中　□專科學校　□大學

□研究所(含)以上　□其他______________

職業：□製造業　□金融業　□資訊業　□軍警　□傳播業　□自由業

□服務業　□公務員　□教職　□學生　□其他__________

請貼
郵票

To：114

台北市內湖區瑞光路 583 巷 25 號 1 樓

秀威資訊科技股份有限公司　　收

寄件人姓名：

寄件人地址：□□□

(請沿線對摺寄回,謝謝!)

秀威與 BOD

BOD（Books On Demand）是數位出版的大趨勢，秀威資訊率先運用 POD 數位印刷設備來生產書籍，並提供作者全程數位出版服務，致使書籍產銷零庫存，知識傳承不絕版，目前已開闢以下書系：

一、BOD 學術著作—專業論述的閱讀延伸
二、BOD 個人著作—分享生命的心路歷程
三、BOD 旅遊著作—個人深度旅遊文學創作
四、BOD 大陸學者—大陸專業學者學術出版
五、POD 獨家經銷—數位產製的代發行書籍

BOD 秀威網路書店：www.showwe.com.tw
政府出版品網路書店：www.*gov*books.com.tw

永不絕版的故事・自己寫・永不休止的音符・自己唱